技能型人才培养特色名校建设规划教材

PLC 控制系统的设计与维护

主　编　李　敏　鹿业勃　许洪龙

副主编　范振瑞　张翠玲　韩俊青　吴孝慧

中国水利水电出版社
www.waterpub.com.cn

内 容 提 要

本书以西门子 S7-200 PLC 为例，结合高职院校职业教育课程改革经验，采用项目式教学设计，根据职业岗位技能需求，以生产实践中典型的工作任务为项目，通过分析维修电工职业岗位及现场典型工作任务，设置了 PLC 基本控制系统的设计、PLC 顺序控制系统的设计、PLC 功能控制系统的设计 3 个学习单元。每个单元由 4～5 个学习项目构成，以现场的真实工程项目为载体，把 PLC 应用技术的基本知识及 PLC 控制系统设计、安装与调试的基本技能融入项目，通过 13 个项目中知识点和技能点的学习与训练，学生可逐步掌握 S7-200 PLC 控制系统的设计、安装与调试。

本书可作为高等院校机电一体化技术、电气自动化技术等专业的 PLC 理论实训一体化教材，也可作为从事 PLC 应用系统设计、调试和维护的工程技术人员的自学或培训用书。

图书在版编目（ＣＩＰ）数据

PLC控制系统的设计与维护 / 李敏，鹿业勃，许洪龙
主编. -- 北京 ： 中国水利水电出版社，2015.12（2020.8 重印）
技能型人才培养特色名校建设规划教材
ISBN 978-7-5170-3928-0

Ⅰ．①P… Ⅱ．①李… ②鹿… ③许… Ⅲ．①plc技术
－高等职业教育－教材 Ⅳ．①TM571.6

中国版本图书馆CIP数据核字(2015)第314511号

策划编辑：石永峰　　　责任编辑：张玉玲　　　封面设计：李　佳

书　　　名	技能型人才培养特色名校建设规划教材 **PLC 控制系统的设计与维护**
作　　　者	主　编　李　敏　鹿业勃　许洪龙 副主编　范振瑞　张翠玲　韩俊青　吴孝慧
出版发行	中国水利水电出版社 （北京市海淀区玉渊潭南路 1 号 D 座　100038） 网址：www.waterpub.com.cn E-mail: mchannel@263.net（万水） 　　　　sales@waterpub.com.cn 电话：（010）68367658（发行部）、82562819（万水）
经　　　售	北京科水图书销售中心（零售） 电话：（010）88383994、63202643、68545874 全国各地新华书店和相关出版物销售网点
排　　版	北京万水电子信息有限公司
印　　刷	三河市铭浩彩色印装有限公司
规　　格	184mm×260mm　16 开本　11.5 印张　264 千字
版　　次	2015 年 12 月第 1 版　2020 年 8 月第 3 次印刷
印　　数	4001—6000 册
定　　价	24.00 元

前　　言

为落实"课岗证融通，实境化历练"人才培养模式改革，满足高等职业教育技能型人才培养的要求，使学生更好地适应企业的需要，在山东省技能型人才培养特色名校建设期间，我校组织课程组有关人员和企业的能工巧匠与技术人员编写了本教材。

本教材的编写贯彻了"以学生为主体，以就业为导向，以能力为核心"的理念和"实用、够用、好用"的原则，以典型案例为载体组织内容，具有以下特色：

（1）以行动为导向，以工学结合的人才培养模式改革与实践为基础，按照典型性、对知识和能力的覆盖性、可行性原则，遵循认知规律与能力的形成规律设计教学载体，梳理理论知识，明确学习内容，使学生在职业情境中"学中做、做中学"。

（2）打破传统教材按章节划分理论知识的方法，将理论知识按照相应教学载体进行重构，并对知识内容以不同方式进行层面划分，如任务描述、任务资讯、任务分析、任务实施、知识拓展等。通过任务的完成使学生学有所用、学以致用，与传统的理论灌输有着本质的区别。

（3）根据本课程的内容和实际教学情况，我们为本教材编写了配套的工作任务书，根据学生对任务书的完成情况补充、更新教材内容，满足教学需要，提高教学质量，体现教材的灵活性。

（4）增加课外项目，便于学生根据个人实际学习情况进行学习和练习，并可作为阶段性考核项目，增加练习种类，提高学习效率和学习积极性。

随着科学技术的迅速发展，对技能型人才的要求也越来越高。作为培养技能型"双高"人才的高等职业技术学院，原来传统的教学模式及教材已不能完全适应现今的教学要求。本教材根据培养目标的需求对内容进行了适当调整，补充了一些新知识，使教材更规范、更实用。

本书由李敏、鹿业勃、许洪龙任主编，范振瑞、张翠玲、韩俊青、吴孝慧任副主编，博宁福田智能通道（青岛）有限公司的肖银川任主审。

由于时间仓促及编者水平有限，书中难免有疏漏和错误之处，恳请广大读者批评指正。

编　者
2015 年 12 月

目　　录

前言

单元一　PLC 基本控制系统的设计

项目 1　设计调试工作台自动往返 PLC 控制系统 ·· 2
项目 2　设计调试三相异步电动机的星－角降压起动 PLC 控制系统 ···················· 35
项目 3　设计调试送料小车三点往返运行 PLC 控制系统 ································· 46
项目 4　设计调试轧钢机 PLC 控制系统 ·· 54

单元二　PLC 顺序控制系统的设计

项目 1　设计调试自动送料装车 PLC 控制系统 ·· 62
项目 2　设计调试全自动洗衣机 PLC 控制系统 ·· 73
项目 3　设计调试液体混合 PLC 控制系统 ··· 82
项目 4　设计调试十字路口交通灯 PLC 控制系统 ··· 89

单元三　PLC 功能控制系统的设计

项目 1　设计调试广告牌循环彩灯 PLC 控制系统 ··· 104
项目 2　设计调试昼夜报时器 PLC 控制系统 ·· 112
项目 3　设计调试四路抢答器 PLC 控制系统 ·· 119
项目 4　设计调试机械手 PLC 控制系统 ·· 136
项目 5　设计调试喷泉灯光 PLC 控制系统 ··· 149
附录一　西门子 PLC 指令集 ··· 157
附录二　S7-200 的特殊存储器（SM）标志位 ··· 161
附录三　S7-200 仿真软件 Simulation 简介 ·· 164
课外项目 1　自动门 PLC 控制系统 ··· 166
课外项目 2　四相步进电动机控制系统 ·· 168
课外项目 3　三相六拍步进电动机控制系统 ··· 170
课外项目 4　饮料灌装生产流水线控制系统 ··· 172
课外项目 5　车库车辆出入库管理控制系统 ··· 174
课外项目 6　自动成型机 PLC 控制系统 ·· 176
课外项目 7　供水系统水泵控制系统 ··· 178
参考文献 ··· 180

单元一　PLC 基本控制系统的设计

【项目简介】

一、设计调试工作台自动往返 PLC 控制系统

工作台自动往返在生产中经常被使用，如刨床工作台的自动往返等，工作台在无人控制的情况下，由电动机带动，经限位开关控制在两点间自动往返。

二、设计调试三相异步电动机的星—角降压起动 PLC 控制系统

三相异步电动机星—角降压起动控制是应用最广泛的起动方式，电动机首先星形起动，延时几秒后变为三角形起动方式。

三、设计送料小车三点往返运行 PLC 控制系统

小车往返运动控制广泛应用于工业生产设备中。小车自动往复循环利用行程开关实现往复运动控制，通常叫做行程控制。送料小车起动后先开始右行，到右端停下卸料向左行，到左端停下装料，5s 后装料结束，开始左行送料；如此三点往复循环重复开始前面动作。

四、设计调试轧钢机 PLC 控制系统

轧钢机全程正常工作，满足带材类生产的自动化控制需要。

【学习目标】

1. 掌握 PLC 控制系统的总体构建。
2. 掌握 PLC 软元件及基本指令的应用。
3. 强化基本指令程序的编写能力。
4. 掌握 PLC 电气系统图的识读及绘制。
5. 熟悉 PLC 系统的电源技术指标、设备及器件选择。
6. 掌握电动机基本环节 PLC 控制系统的安装工艺和调试技能。
7. 熟悉 PLC 常用硬件结构的特点和功能。
8. 熟悉 PLC 的软件结构和基本编程语言。
9. 初步掌握应用基本逻辑语言编制程序的方法。
10. 会使用软件进行编程操作。

【建议课时】

24 课时。

项目 1 设计调试工作台自动往返 PLC 控制系统

【任务描述】

工农业生产中，有很多机械设备都是需要往复运动的，例如磨床的工作台机构的运动。这可以通过电气控制线路对电动机实现自动正反转换相控制来实现。

【任务资讯】

一、PLC 的结构

PLC 的结构多种多样，但其组成的一般原理基本相同，都是采用以微处理器为核心式的结构。硬件系统一般主要由中央处理器（CPU）、存储器（RAM、ROM）、输入接口（I）、输出接口（O）、扩展接口、编程器和电源等几部分组成，如图 1-1-1 所示。

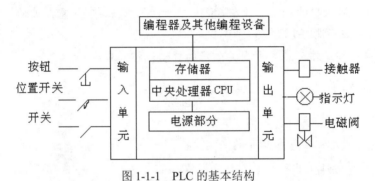

图 1-1-1 PLC 的基本结构

1. 中央处理器（CPU）

CPU 是 PLC 控制系统的核心，相当于人的大脑，它控制着整个 PLC 控制系统有序地运行。在 PLC 控制系统中，PLC 程序的输入和执行、PLC 之间或 PLC 与上位机之间的通信、接收现场设备的状态和数据都离不开 CPU。CPU 模块还可以进行自我诊断，即当电源、存储器、输入/输出端子、通信等出现故障时，它可以给出相应的指示或做出相应的动作。

2. 存储器单元

存储器是具有记忆功能的半导体电路，用来存放系统程序、用户程序和数据。

（1）系统程序存储器。

系统程序存储器存放 PLC 生产厂家编写的系统程序，固化在 PROM 和 EEPROM 中，用户不能修改。

（2）用户程序存储器。

用户程序存储器可分为程序存储区和数据存储区。程序存储区存放用户编写的控制程序，用户用编程器写入 RAM 或 EEPROM。数据存储区存放程序执行过程中所需或产生的中间数据，包括输入输出过程映像、定时器、计数器的预置值和当前值。

3. 输入/输出接口

输入/输出接口又称 I/O 接口，是系统的眼、耳、手、脚，是联系外部现场和 CPU 模块的桥梁。用户设备需要输入 PLC 的各种控制信号，如限位开关、操作按钮、选择开关、行程开关以及其他一些传感器输出的开关量或模拟量（要通过模数变换进入机内）等，通过输入接口电路将这些信号转换成中央处理单元能够接收和处理的信号。

输出接口电路将中央处理单元送出的弱电控制信号转换成现场需要的强电信号输出，以驱动电磁阀、接触器、电动机等被控设备的执行元件。

（1）输入接口。

输入接口接收和采集输入信号（如限位开关、操作按钮、选择开关、行程开关以及其他一些传感器输出的开关量），并将这些信号转换成 CPU 能够接收和处理的数字信号。输入接口电路通常有两种类型：直流输入型（如图 1-1-2 所示）和交流输入型（如图 1-1-3 所示）。从图中可以看出，两种类型都设有 RC 滤波电路和光电耦合器，光电耦合器一般由发光二极管和光敏晶体管组成，在电气上使 CPU 内部和外界隔离，增强了抗干扰能力。

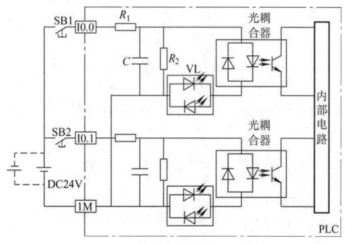

图 1-1-2 直流输入接口电路示意图

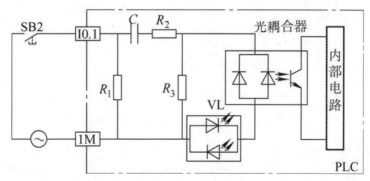

图 1-1-3 交流输入接口电路示意图

（2）输出接口。

输出接口将经过中央处理单元 CPU 处理过的输出数字信号（1 或 0）传送给输出端的电路元件，以控制其接通或断开，从而驱动接触器、电磁阀、指示灯、数字显示装置和报警装置等。

为适应不同类型的输出设备负载，PLC 的接口类型有继电器输出型、双向晶闸管输出型和晶体管输出型三种，如图 1-1-4 至图 1-1-6 所示。继电器输出型为有触点输出方式，可用于接通或断开开关频率较低的直流负载或交流负载回路，这种方式存在继电器触点的电气寿命和机械寿命问题；双向晶闸管输出型和晶体管输出型皆为无触点输出方式，开关动作快、寿命长，可用于接通或断开开关频率较高的负载回路，其中双向晶闸管输出型只用于带交流电源负载，晶体管输出型只用于带直流电源负载。

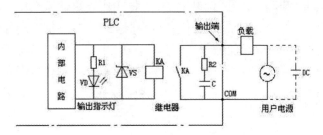

图 1-1-4　继电器输出接口电路示意图

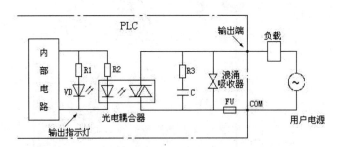

图 1-1-5　双向晶闸管输出接口电路示意图

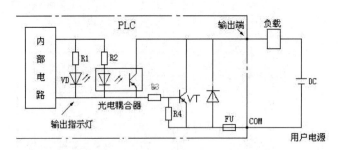

图 1-1-6　晶体管输出接口电路示意图

从三种类型的输出电路可以看出，继电器、双向晶闸管和晶体管作为输出端的开关元件受 PLC 的输出指令控制，完成接通或断开与相应输出端相连的负载回路的任务，它们并不向负载提供电源。

负载工作电源的类型、电压等级和极性应该根据负载要求以及 PLC 输出接口电路的技术性能指标确定。

4. 电源单元

PLC 配有开关电源，以供内部电路使用。与普通电源相比，PLC 电源的稳定性好、抗干扰能力强，对电网提供的电源稳定度要求不高，一般允许电源电压在其额定值±15% 的范围内波动。许多 PLC 还向外提供直流 24V 稳压电源，用于对外部传感器供电。

5. 编程器

编程器的作用是将用户编写的程序下载至 PLC 的用户程序存储器，并利用编程器检查、修改和调试用户程序，监视用户程序的执行过程，显示 PLC 状态、内部器件及系统的参数等。

编程器有简易编程器和图形编程器两种。简易编程器体积小、携带方便，但只能用语句形式进行联机编程，适合小型 PLC 的编程及现场调试。图形编程器既可用语句形式编程，又可用梯形图编程，同时还能进行脱机编程。

目前 PLC 制造厂家大都开发了计算机辅助 PLC 编程支持软件，当个人计算机安装了 PLC 编程支持软件后可用作图形编程器进行用户程序的编辑、修改，并通过个人计算机和 PLC 之间的通信接口实现用户程序的双向传送、监控 PLC 运行状态等。

6. 其他接口

其他接口有 I/O 扩展接口、通信接口、编程器接口、存储器接口等。

（1）I/O 扩展接口。

小型的 PLC 输入输出接口都是与中央处理单元 CPU 制造在一起的，为了满足被控设备输入输出点数较多的要求，常需要扩展数字量输入输出模块；为了满足模拟量控制的要求，常需要扩展模拟量输入输出模块，如 A/D、D/A 转换模块；I/O 扩展接口（如图 1-1-7 所示）就是为连接各种扩展模块而设计的。

图 1-1-7　PLC 扩展接口连接图

（2）通信接口。

通信接口用于 PLC 与计算机、PLC、变频器和文本显示器（触摸屏）等智能设备之间的连接（如图 1-1-8 所示），以实现 PLC 与智能设备之间的数据传送。

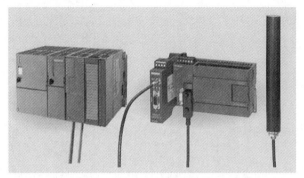

图 1-1-8　通信接口的连接示意图

二、PLC 的工作原理

PLC 系统由三部分组成：输入部分、用户程序、输出部分，等效电路如图 1-1-9 所示。

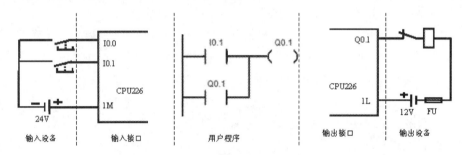

图 1-1-9　PLC 系统等效电路示意图

1. PLC 的工作过程

PLC 虽然具有微机的许多特点，但它的工作方式却与微机有很大不同。微机一般采用等待命令的工作方式，PLC 则采用周期循环扫描的工作方式，CPU 连续执行用户程序和任务的循环序列称为扫描。PLC 对用户程序的执行过程是 CPU 的循环扫描，并用周期性地集中采样、集中输出的方式来完成。一个扫描周期（工作周期）主要分为以下几个阶段（如图 1-1-10 所示）：

（1）上电初始化。

PLC 上电后，首先对系统进行初始化，包括硬件初始化、I/O 模块配置检查、停电保持范围设定、清除内部继电器、复位定时器等。

（2）CPU 自诊断。

在每个扫描周期必须进行自诊断，通过自诊断对电源、PLC 内部电路、用户程序的语法等进行检查，一旦发现异常，CPU 使异常继电器接通，PLC 面板上的异常指示灯 LED 亮，内部特殊寄存器中存入出错代码并给出故障

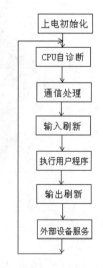

图 1-1-10　工作原理示意图

显示标志。如果不是致命错误则进入 PLC 的停止（STOP）状态；如果是致命错误则 CPU 被强制停止，等待错误排除后才转入 STOP 状态。

（3）与外部设备通信。

与外部设备通信阶段，PLC 与其他智能装置、编程器、终端设备、彩色图形显示器、其他 PLC 等进行信息交换，然后进行 PLC 工作状态的判断。

PLC 有 STOP 和 RUN 两种工作状态，如果 PLC 处于 STOP 状态，则不执行用户程序，将通过与编程器等设备交换信息来完成用户程序的编辑、修改及调试任务；如果 PLC 处于 RUN 状态，则将进入扫描过程，执行用户程序。

（4）扫描过程。

PLC 以扫描方式把外部输入信号的状态存入输入映像区，再执行用户程序，并将执行结果输出存入输出映像区，直到传送到外部设备。

PLC 上电后周而复始地执行上述工作过程，直至断电停机。

2. 用户程序循环扫描

PLC 对用户程序进行循环扫描分为输入采样、程序执行和输出刷新三个阶段，如图 1-1-11 所示。

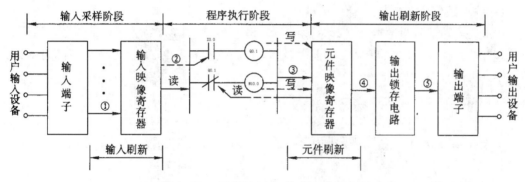

图 1-1-11　用户程序循环扫描过程示意图

（1）输入采样阶段：PLC 逐个扫描每个输入端口，将所有输入设备的当前状态保存在相应的存储区（又称输入映像寄存器），在一个扫描周期中状态保持不变，直至下一个扫描周期又开始采样。

（2）程序执行阶段：PLC 采样完成后进入程序执行阶段。CPU 从用户程序存储区逐条读取用户指令，经解释后执行，产生的结果送入输出映像寄存器并更新。在执行的过程中用到输入映像寄存器和输出映像寄存器的内容为上一个扫描周期执行的结果。程序执行自左至右、自上向下顺序进行。

（3）输出刷新阶段：在此阶段将输出映像寄存器中的内容传送到输出锁存器中，经接口送到输出端子，驱动负载。

3. 继电器控制与 PLC 控制的差异

PLC 程序的工作原理可简述为由上至下、由左至右、循环往复、顺序执行。与继电器控制线路的并行控制方式存在差别，如图 1-1-12 所示。

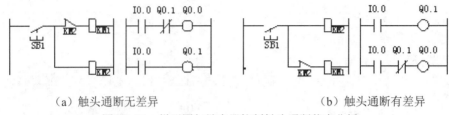

（a）触头通断无差异　　　　　　　　　　（b）触头通断有差异

图 1-1-12　梯形图与继电器控制触头通断状态分析

图 1-1-12（a）所示的控制图中，如果为继电器控制线路，由于是并行控制方式，首先是线圈 Q0.0 与线圈 Q0.1 均通电，然后因为动断触点 Q0.1 的断开导致线圈 Q0.0 断电；如果为梯形图控制线路，当 I0.0 接通后，线圈 Q0.0 通电，接着 Q0.1 通电，完成第 1 次扫描，进入第 2 次扫描后，线圈 Q0.0 因动断触点 Q0.1 断开而断电，而 Q0.1 通电。

图 1-1-12（b）所示的控制图中，如果为继电器控制线路，线圈 Q0.0 与线圈 Q0.1 首先均通电，然后 Q0.1 断电；如果为梯形图控制线路，则触头 I0.0 接通，所以线圈 Q0.1 通电，然后进行第 2 次扫描，结果因为动断触点 Q0.1 断开，所以线圈 Q0.0 始终不能通电。

三、PLC 的分类

1. 按点数和功能分类

一般将一路信号叫做一个点，将输入点数和输出点数的总和称为机器的点数，简称 I/O 点数。一般来讲，点数多的 PLC，功能也越强。按照点数的多少，可将 PLC 分为超小（微）、小、中、大四种类型。

（1）超小型机：I/O 点数在 64 点以内，内存容量为 256～1000 字节。

（2）小型机：I/O 点数为 64～256，内存容量为 1KB～3.6KB。

小型及超小型 PLC 主要用于小型设备的开关量控制，具有逻辑运算、定时、计数、顺序控制、通信等功能。

（3）中型机：I/O 点数为 256～1024，内存容量为 3.6KB～13KB。

中型 PLC 除具有小型、超小型 PLC 的功能外，还增加了数据处理能力，适用于小规模的综合控制系统。

（4）大型机：I/O 点数为 1024 以上，内存容量为 13KB 以上。

2. 按结构形式分类

PLC 按硬件结构形式进行划分，分为整体式结构和模块式结构。

（1）整体式结构。

一般的小型及超小型 PLC 多为整体式结构，这种可编程序控制器是把 CPU、RAM、ROM、I/O 接口及与编程器或 EPROM 写入器相连的接口、输入/输出端子、电源、指示灯等都装配在一起的整体装置。西门子公司的 S7-200 系列 PLC 为整体式结构，如图 1-1-13 所示。

（2）模块式结构。

模块式结构又叫积木式结构，这种结构形式的特点是把 PLC 的每个工作单元都制成独立的模块，如CPU模块、输入模块、输出模块、电源模块、通信模块等。常见的产品有欧姆龙公司的C200H、C1000H、C2000H和西门子公司的S7-115U、S7-300、S7-400系列等，如图1-1-14所示。

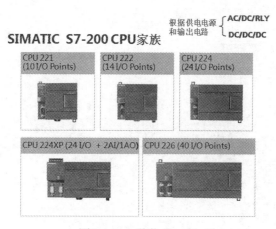

图1-1-13　整体式PLC

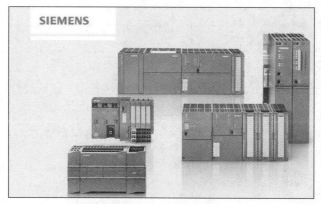

图1-1-14　模块式PLC

3. 按生产厂家分类

PLC的生产产家很多，国内国外都有，其点数、容量、功能各有差异，但都自成系列，比较有影响的有：日本欧姆龙（OMRON）公司的 C 系列可编程序控制器；日本三菱（MITSUBISHI）公司的F、F1、F2、FX2系列可编程序控制器；日本松下（PANASONIC）电工公司的FP1系列可编程序控制器；美国通用电气（GE）公司的GE系列可编程序控制器；美国艾仑－布拉德利（A-B）公司的PLC-5系列可编程序控制器；德国西门子（SIEMENS）公司的S5、S7系列可编程序控制器。

四、S7-200 系列 PLC 的外部结构

1. 各部件的作用

西门子S7-200系列PLC的外部结构实物图如图1-1-15所示。

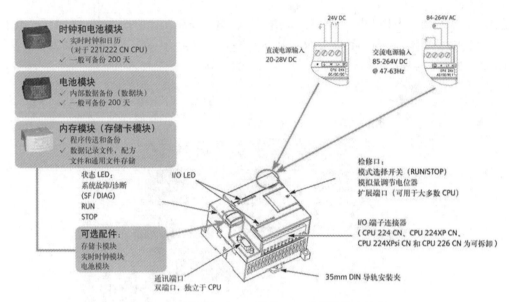

图 1-1-15　西门子 S7-200 系列 PLC 外部结构实物图

（1）输入接线端子。输入接线端子用于连接外部控制信号（按钮、开关、传感器等信号）。在底部端子盖下是输入接线端子和为传感器及输入信号提供的 24V 直流电源。

（2）输出接线端子。输出接线端子用于连接被控设备（电动机、接触器、继电器及电磁铁等）。在顶部端子盖下是输出接线端子和 PLC 的工作电源。

（3）CPU 状态指示灯。CPU 状态指示灯有 SF、STOP、RUN 三个，作用如下：

● SF：系统故障，严重的出错或硬件故障。

● STOP：停止状态，不执行用户程序，可以通过编程装置向 PLC 装载程序或对系统进行设置。

● RUN：运行状态，执行用户程序。

（4）输入状态指示。输入状态指示用于显示是否有控制信号（如控制按钮、开关及传感器等数字量信息）接入 PLC。

（5）输出状态指示。输出状态指示用于显示 PLC 是否有信号输出到执行设备（如电动机、接触器、继电器及电磁铁等）。

（6）扩展接口。通过扁平电缆线连接数字量 I/O 扩展模块、模拟量 I/O 扩展模块、热电偶模块和通信模块等，如图 1-1-16 所示。

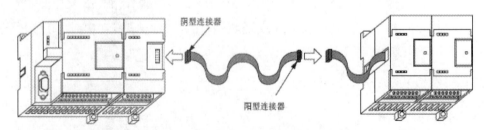

图 1-1-16　S7-200 系列 PLC 扩展连接示意图

（7）通信端口。通信端口支持 PPI、MPI 通信协议，有自由口通信能力，用以连接编程器、计算机、文本显示器以及 PLC 网络外设，如图 1-1-17 所示。

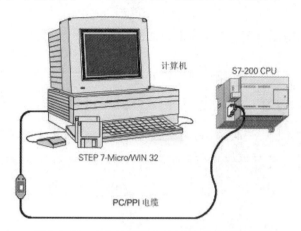

图 1-1-17　个人计算机与 S7-200 的连接示意图

（8）模拟电位器。模拟电位器用来改变特殊寄存器（SMB28、SMB29）中的数值以改变程序运行时的参数，如定时器和计数器的预设值、过程量的控制参数等。

2. 输入输出接线图

I/O 接口电路是 PLC 与被控对象间传递输入输出信号的接口部件。各输入/输出点的通/断状态用发光二极管显示，外部接线一般接在 PLC 的接线端子上。

S7-200 系列 CPU22x 主机的输入回路为直流双向光耦合输入电路，输出有继电器和晶体管两种类型。如 CPU226 PLC 是 CPU226AC/DC/继电器型，其含义为交流输入电源，提供 24V 直流给外部元件（如传感器等），继电器方式输出、24 点输入、16 点输出。

（1）输入接线。

CPU226 的主机共有 24 个输入点（I0.0～I0.7、I1.0～I1.7、I2.0～I2.7）和 16 个输出点（Q0.0～Q0.7、Q1.0～Q1.7）。输入电路接线示意图如图 1-1-18 所示。系统设置 1M 为输入端子 I0.0～I0.7、I1.0～I1.4 的公共端，2M 为输入端子 I1.5～I1.7、I2.0～I1.7 的公共端。

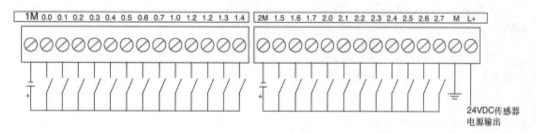

图 1-1-18　CPU226 输入电路接线示意图

（2）输出接线。

CPU226 的输出电路有晶体管输出电路和继电器输出电路两种供用户选用。在晶体管输出电路中，PLC 由 24V 直流供电，只能用直流电源为负载供电，1L、2L 为公共端，如图

1-1-19 所示；在继电器输出电路中，PLC 由 220V 交流供电，既可以选用直流电源为负载供电，也可以选用交流电源为负载供电，数字量输出分为 3 组，每组的公共端为本组的电源供给端，Q0.0～Q0.3 共用 1L，Q0.4～Q1.0 共用 2L，Q1.1～Q1.7 共用 3L，各组之间可接入不同电压等级、不同电压性质的负载电源，如图 1-1-20 所示。

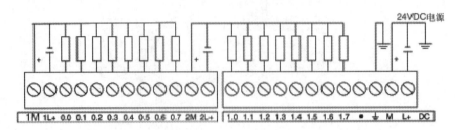

图 1-1-19　CPU226 晶体管输出电路接线示意图

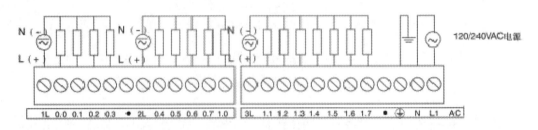

图 1-1-20　CPU226 继电器输出电路接线示意图

五、PLC 数字量输入/输出映像寄存器

1. 输入映像寄存器 I

输入映像寄存器专门接收从外部敏感元件或开关元件发来的信号，与 PLC 的输入端相连，且一一对应。其状态在每次扫描周期开始时接受采样，采样状态写入输入映像寄存器中，程序执行从输入映像寄存器中取得数值，在扫描过程中不受输入状态的改变，同时不能驱动负载。

地址格式：位地址 Ix.y，例如 I0.0；字节、字、双字地址格式 ATx，例如 IB4、IW4、ID4。

地址范围：与 CPU 的型号有关。CPU226 为 I0.0～I15.7，主机与扩展模块可以扩展到此范围。

2. 输出映像寄存器 Q

输出映像寄存器控制驱动负载，并且每个与输出端子相连且一一对应。CPU 将结果存放在输出映像寄存器中，在扫描结束时以批处理的方式传送到输出端子。

地址格式：位地址 Ax.y，例如 Q0.0；字节、字、双字地址格式 ATx，例如 QB4、QW4、QD4。

地址范围：与 CPU 的型号有关。CPU226 为 Q0.0～Q15.7，主机与扩展模块可以扩展到此范围。

（1）S7-200 CPU 有一定数量的本机 I/O，本机 I/O 有固定的地址。

（2）数字量 I/O 点的编址以字节（8 位）为单位，采用存储器区域标识符（I 或 Q）、字节号、位号的组成形式，在字节号和位号之间以点分隔。

（3）数字量扩展模块是以一个字节（8 位）递增的方式来分配地址的，若本模块实际位数不满 8 位，未用位不能分配给 I/O 链的后续模块。

（4）模拟量 I/O 点的编址是以字（16 位）为单位，在读/写模拟量信息时，模拟量 I/O 以字为单位读/写。

（5）模拟量扩展模块是以 2 个端口（4 字节）递增的方式来分配地址的。

S7-200 PLC 扩展地址分配以 CPU224 为例，如图 1-1-21 和表 1-1-1 所示。

图 1-1-21   CPU224 及扩展的 I/O 地址分配

表 1-1-1   CPU224 及扩展的 I/O 地址分配

主机		模块 1	模块 2		模块 3		模块 4	
CPU224		8IN	4IN/4OUT		4AI/1AQ		4AI/1AQ	
I0.0	Q0.0	I2.0	I3.0	Q2.0	AIW0	AQW0	AIW8	AQW4
I0.1	Q0.1	I2.1	I3.1	Q2.1	AIW2		AIW10	
I0.2	Q0.2	I2.2	I3.2	Q2.2	AIW4		AIW12	
I0.3	Q0.3	I2.3	I3.3	Q2.3	AIW6		AIW14	
I0.4	Q0.4	I2.4						
I0.5	Q0.5	I2.5						
I0.6	Q0.6	I2.6						
I0.7	Q0.7	I2.7						
I1.0	Q1.0							
I1.1	Q1.1							
I1.2								
I1.3								
I1.4								
I1.5								

六、PLC 基本指令的应用

标准触点指令主要有 LD、LDN、A、AN、O、ON、NOT、=，如表 1-1-2 所示。

指令格式：[操作码]   [操作数]

例如：   LD   I0.3

表 1-1-2   基本指令及说明

指令	格式		说明
	操作码	操作数	
—| bit |—	LD	bit	装载指令，从左母线开始的第一个动合触点
—| bit |/|—	LDN	bit	装载指令，从左母线开始的第一个动断触点
—| bit |—	A	bit	串联指令，串联动合触点
—| bit |/|—	AN	bit	串联指令，串联动断触点
bit 并联	O	bit	并联指令，并联动合触点
bit 并联	ON	bit	并联指令，并联动断触点
—| NOT |—	NOT	无	取反指令，对该指令前面的逻辑结果取反
— bit （ ）	=	bit	线圈驱动指令，当能流进入线圈时线圈对应的操作数 bit 置 "1"

说明：

（1）LD、LDN 与左母线相连，与 OLD、ALD 配合使用分支回路的开头。

（2）=指令用于输出继电器、内部标志位存储器、定时器、计数器等，不能用于输入继电器 I，线圈和输出类指令应放在梯形图的最右边。

（3）对应的触点可以使用无数次。

（4）操作数为 I、Q、M、SM、T、C、V、S。

应用举例：标准触点指令的应用参见图 1-1-22 所示的梯形图程序和对应的语句表程序。

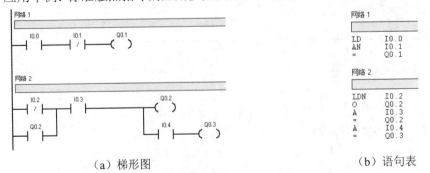

（a）梯形图　　　　　　　　　　　　　（b）语句表

图 1-1-22　标准触点指令梯形图和语句表程序

由于梯形图形象直观，适合初学者和广大工程技术人员采用；而语句表抽象难懂，但书写方便、容易保存、可以添加注解，常为比较熟悉指令的高级用户所采用。

【任务分析】

1. 任务要求

工作台由电动机控制，电动机正转时工作台前进；前进（向右）到 B 点碰到位置开关 SQ2，电动机反转工作台后退（向左）到 A 处碰到位置开关 SQ1，电动机正转，工作台又前进到 B 点又后退，如此自动循环，实现工作台在 A、B 两处自动往返，如图 1-1-23 所示。

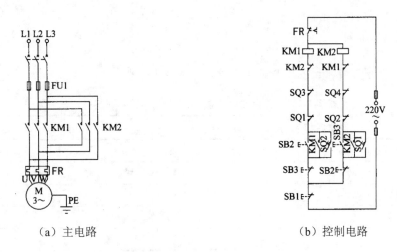

（a）主电路　　　　　　　　　　（b）控制电路

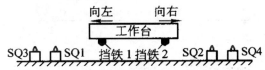

（c）工作示意图

图 1-1-23　工作台自动往返示意图

2. PLC 选型

德国西门子 S7-200 CPU226 可编程序控制器。

3. 输入/输出分配

输入/输出信号与 PLC 地址分配表如表 1-1-3 所示。

表 1-1-3　工作台自动往返 PLC 控制的地址分配表

输入信号			输出信号		
名称	功能	编号	名称	功能	编号
SB2	前进	I0.0	KM1	前进	Q0.0
SB3	后退	I0.1	KM2	后退	Q0.1
SB1	停止	I0.2			
FR	过载	I0.3			
SQ2	A 位置开关	I0.4			

续表

输入信号			输出信号		
名称	功能	编号	名称	功能	编号
SQ4	A 限位开关	I0.5			
SQ1	B 位置开关	I0.6			
SQ3	B 限位开关	I0.7			

【任务实施】

1. 器材准备

完成本任务的实训安装、调试所需器材如表 1-1-4 所示。

表 1-1-4　工作台自动往返 PLC 控制系统实训器材一览表

器材名称	数量
PLC 基本单元 CPU226	1 个
计算机	1 台
工作台自动往返模拟装置	1 个
导线	若干
交、直流电源	1 套
电工工具及仪表	1 套

2. 硬件接线

控制主电路如图 1-1-24 所示，工作台自动往返 PLC 控制系统 I/O 接线图如图 1-1-25 所示。

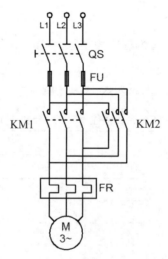

图 1-1-24　控制主电路

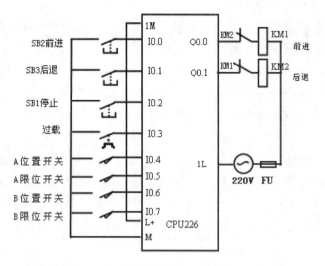

图 1-1-25 工作台自动往返 PLC 控制的 I/O 接线图

3. 编写 PLC 控制程序

根据工作台自动往返控制要求，运用 PLC 的自锁和互锁功能便可以实现软件编程。工作台自动往返 PLC 控制系统的梯形图和语句表如图 1-1-26 所示。

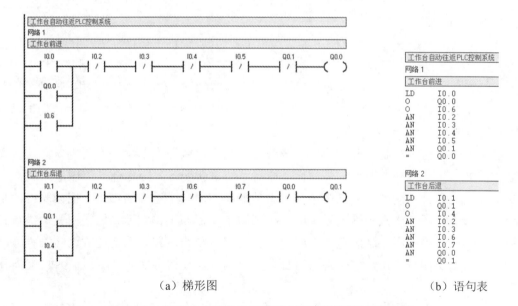

（a）梯形图 　　　　　　　　　　　　　（b）语句表

图 1-1-26 工作台自动往返 PLC 控制系统的梯形图和语句表

4. 系统调试

（1）程序输入。

在计算机上打开 S7-200 编程软件，选择相应 CPU 类型，建立工作台自动往返的 PLC 控制项目，输入编写梯形图或语句表程序。

（2）模拟调试。

将输入完成的程序编译后导出为 awl 格式文本文件，在 S7-200 仿真软件中打开。按下输入控制按钮,观察程序仿真结果。如与任务要求不符,则结束仿真,对编程软件中的程序进行分析修改,再重新导出文件,经仿真软件进一步调试,直到仿真结果符合任务要求。

(3)系统安装。

系统安装可在硬件设计完成后进行,可与软件、模拟调试同时进行。系统安装只需按照安装接线图进行即可。注意输入输出回路电源接入。

(4)系统调试。

确定硬件接线、软件调试结果正确后,合上 PLC 电源开关和输出回路电源开关,按下工作台自动往返的起动按钮,观察 PLC 是否有输出、输出继电器 Q 的变化顺序是否正确。如果结果不符合要求,观察输入及输出回路是否接线错误。排除故障后重新送电,起动电动机运转,再次观察运行结果或者计算机显示监控画面,直到符合要求为止。

(5)填写任务报告书。

如实填写任务报告书,分析设计过程中的经验,编写设计总结。

【知识拓展】

一、PLC 的产生及定义

1. PLC 的产生

20 世纪 60 年代,计算机技术已开始应用于工业控制,但由于计算机技术本身的复杂性、编程难度高、难以适应恶劣的工业环境和价格昂贵等原因,未能在工业控制中广泛应用。继电器控制在工业控制领域占主导地位,该控制系统对开关量进行顺序控制。这种采用固定接线的控制系统体积大、耗电多、可靠性不高、通用性和灵活性较差,因此迫切地需要新型控制装置出现。

当时,美国的汽车制造业竞争十分激烈,各生产厂家的汽车型号不断更新,这也必然要求其加工生产线随之改变,并对整个控制系统重新配置。1968 年,美国最大的汽车制造商通用汽车公司为了适应汽车型号的不断翻新,提出了这样的设想:把计算机的功能完善、通用灵活等优点与继电器接触器控制简单易懂、操作方便、价格便宜等优点结合起来,制成一种通用控制装置,以取代原有的继电线路;并要求把计算机的编程方法和程序输入方法加以简化,用"自然语言"进行编程,使得不熟悉计算机的人也能方便地使用。

针对上述设想,通用汽车公司提出了这种新型控制器所必须具备的十大条件"GM10条":

(1)编程简单,可在现场修改程序。

(2)维护方便,最好是插件式。

(3)可靠性高于继电器控制柜。

(4)体积小于继电器控制柜。

(5)可将数据直接送入管理计算机。

(6)在成本上可与继电器控制柜竞争。

（7）输入可以是交流 115V。

（8）输出可以是交流 115V，2A 以上，可直接驱动电磁阀。

（9）在扩展时，原有系统只要很小的变更。

（10）用户程序存储器容量至少能扩展到 4KB。

美国数字设备公司（DEC）根据以上设想和要求在 1969 年研制出第一台可编程序控制器（PLC），并在通用汽车公司的汽车生产线上使用且获得了成功。这就是第一台 PLC 的产生。当时的 PLC 仅有执行继电器逻辑控制、计时、计数等较少的功能。

2. PLC 的发展

从 PLC 产生至今，它已经发展到第五代产品。

第一代 PLC（1969～1972）：大多用一位机开发，用磁芯存储器存储，只具有单一的逻辑控制功能，机种单一，没有形成系列化。

第二代 PLC（1973～1975）：采用 8 位微处理器及半导体存储器，增加了数字运算、传送、比较等功能，能实现模拟量的控制，开始具备自诊断功能，初步形成系列化。

第三代 PLC（1976～1983）：随着高性能微处理器及位片式 CPU 在 PLC 中的大量使用，PLC 的处理速度大大提高，从而促使它向多功能及联网通信方向发展，增加了多种特殊功能，如浮点数的运算、三角函数、表处理、脉宽调制输出等，自诊断功能及容错技术发展迅速。

第四代 PLC（1983～1995）：全面使用 8 位、16 位高性能微处理器，处理速度达到 1μs/步。

第五代 PLC（1995 年至今）：使用 16 位和 32 位处理器，有的使用高性能位片式微处理器、RISC（Reduced Instruction Set Computer）精简指令系统 CPU 等高级 CPU，而且在一台 PLC 中配置多个微处理器，进行多通道处理，同时生产了大量内含微处理器的智能模块，使得 PLC 产品成为具有逻辑控制功能、过程控制功能、运动控制功能、数据处理功能、联网通信功能的真正名符其实的多功能控制器。

正是由于 PLC 具有多种功能，并集三电（电控装置、电仪装置、电气传动控制装置）于一体，使得 PLC 在工厂中备受欢迎，用量高居首位，成为现代工业自动化的三大支柱（PLC、机器人、CAD/CAM）之一。

3. PLC 的定义

可编程序逻辑控制器（Programmable Logic Controller，PLC）是一种带有指令存储器、数字的或模拟的输入/输出接口，以位运算为主，能完成逻辑、顺序、定时、计数和运算等功能，用于控制机器或生产过程的自动化控制装置。

由于 PLC 的发展，使其功能已经远远超出了逻辑控制的范围，因而用"PLC"已不能描述其多功能的特点。1980 年，美国电气制造商协会（NEMA）给它起了一个新的名称，即 Programmable Controller，简称 PC。由于 PC 这一缩写在我国早已成为个人计算机（Personal Computer）的代名词，为避免造成名词术语混乱，因此在我国仍沿用 PLC 表示可编程序控制器。

二、PLC 编程设计语言

根据可编程器应用范围，程序设计语言可以组合使用，常用的程序设计语言有：梯形图程序设计语言、语句表程序设计语言、功能块图程序设计语言、顺序功能图程序设计语言和结构化语句描述程序设计语言。

1. 梯形图程序设计语言

梯形图程序设计语言是用梯形图的图形符号来描述程序的一种程序设计语言。这种程序设计语言采用因果关系来描述事件发生的条件和结果，每个梯级是一个因果关系。在梯级中，描述事件发生的条件表示在左面，事件发生的结果表示在右面。梯形图程序设计语言是最常用的一种程序设计语言。

梯形图程序设计语言的特点如下：

（1）与电气操作原理图相对应，具有直观性和对应性。

（2）与原有继电器逻辑控制技术相一致，对电气技术人员来说易于撑握和学习。

（3）与原有的继电器逻辑控制技术的不同点是，梯形图中的能流（Power Flow）不是实际意义的电流，内部的继电器也不是实际存在的继电器，因此应用时需要与原有继电器逻辑控制技术的有关概念区别对待。

（4）与语句表程序设计语言有一一对应关系，便于相互间的转换和程序的检查。

2. 语句表程序设计语言

语句表程序设计语言是采用与计算机汇编语言类似的助记符来描述程序的一种程序设计语言，由操作码和操作数组成。

语句表程序设计语言具有以下特点：

（1）采用助记符来表示操作功能，具有容易记忆、便于撑握的特点。

（2）在编程器的键盘上采用助记符表示，具有便于操作的特点，可在无计算机的场合进行编程设计。

（3）与梯形图有一一对应关系，在 PLC 编程软件下一般可以相互转换，其特点与梯形图语言基本类似。

3. 功能块图程序设计语言

功能块图程序设计语言采用功能模块来表示模块所具有的功能，不同的功能模块有不同的功能。它有若干个输入端和输出端，通过软连接的方式分别连接到所需的其他端子，完成所需的控制运算或控制功能。功能模块可以分为不同的类型，在同一种类型中，也可能因功能参数的不同而使功能或应用范围有所差别，例如输入端的数量、输入信号的类型等的不同使它的使用范围不同。由于采用软连接的方式进行功能模块之间及功能模块与外部端子的连接，因此控制方案的更改、信号连接的替换等操作可以很方便地实现。

功能模块图程序设计语言的特点如下：

（1）以功能模块为单位，从控制功能入手，使控制方案的分析和埋解变得容易。

（2）功能模块是用图形化的方法描述功能，它的直观性大大方便了设计人员的编程和组态，有较好的易操作性。

（3）对控制规模较大、控制关系较复杂的系统，由于控制功能的关系可以比较清楚地表达出来，因此编程和组态时间可以缩短，调试时间也能减少。

（4）由于每种功能模块需要占用一定的程序内存，对功能模块的执行需要一定的执行时间，因此这种设计语言在大中型可编程序控制器和集散控制系统的编程与组态中才被采用。

4. 结构化语句描述程序设计语言

结构化语句描述程序设计语言是用结构化的描述语句来描述程序的一种程序设计语言。它是一种类似于高级语言的程序设计语言。在大中型的 PLC 系统中，常采用结构化语句描述程序设计语言来描述控制系统中各个变量的关系。它也被用于集散控制系统的编程和组态。

结构化语句描述程序设计语言采用计算机的描述语句来描述系统中各个变量之间的各种运算关系，完成所需的功能或操作。大多数制造厂商采用的语句描述程序设计语言与 BASIC 语言、PASCAL 语言或 C 语言等高级语言相类似，但为了应用方便，在语句的表达方法及语句的种类等方面都进行了简化。

结构化语句描述程序设计语言具有以下特点：

（1）采用高级语言进行编程，可以完成较复杂的控制运算。

（2）需要有一定的计算机高级程序设计语言的知识和编程技巧，对编程人员的技能要求较高，普通电气人员无法完成。

（3）直观性和易操作性等性能较差。

（4）常被用于采用功能模块等其他语言较难实现的一些控制功能的实施。

部分 PLC 的制造厂商为用户提供了简单的结构化程序设计语言，它与助记符程序设计语言相似，对程序的步数有一定的限制。同时，提供了与 PLC 间的接口或通信连接程序的编制方式，为用户的应用程序提供了扩展余地。

三、PLC 系统的设计步骤

PLC 系统的设计步骤（如图 1-1-27 所示）如下：

（1）熟悉控制对象，确定控制范围。

（2）制定控制方案，选择 PLC 的机型和功能模块。

（3）系统硬件设计和软件编程。

（4）模拟调试。

（5）现场运行调试。

（6）编制系统的技术文件。

PLC 控制应用系统的设计内容中还应包含以下三个方面：可靠性设计、安全性设计和标准化设计。

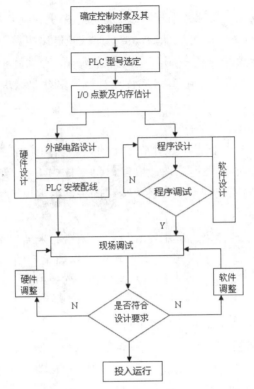

图 1-1-27　PLC 系统的设计步骤

四、STEP 7-Micro/WIN32 软件

1．STEP 7-Micro/WIN32 软件安装

S7-200 系列 PLC 使用 STEP7-Micro/WIN32 编程软件进行编程。STEP7-Micro/WIN32 编程软件是基于 Windows 的应用软件，功能强大，主要用于开发程序，也可用于实时监控用户程序的执行状态。该软件的 4.0 以上版本有包括中文在内的多种语言使用界面可供选择。

（1）系统要求。

操作系统：Windows 95、Windows 98、Windows ME 或 Windows 2000。

硬件配置：IBM 486 以上兼容机，内存 8MB 以上，VGA 显示器，至少 50MB 以上硬盘空间，鼠标。

通信电缆：PC/PPI 电缆（或使用一个通信处理器卡），用于计算机与 PLC 的连接。

（2）硬件连接。

PC/PPI 电缆的两端分别为 RS-232 和 RS-485 接口，RS-232 端连接到个人计算机 RS-232 通信口 COM1 或 COM2 接口上，RS-485 端接到 S7-200 CPU 通信口上。

（3）软件安装。

1）将存储软件的光盘放入光驱。

2）双击光盘中的安装程序 SETUP.EXE，选择 English，进入安装向导。

3）按照安装向导完成软件的安装，然后打开此软件，选择菜单 Tools→Options→General

→Chinese 完成汉化补丁的安装。

（4）建立通信联系。

设置连接好硬件并且安装完软件后，可以按照下面的步骤进行在线连接。

1）在 STEP 7-Micro/WIN32 运行时，单击浏览条中的通信图标或者选择"查看（View）" →"元件"→"通信（Communications）"命令，会弹出"通信"对话框，如图 1-1-28 所示。

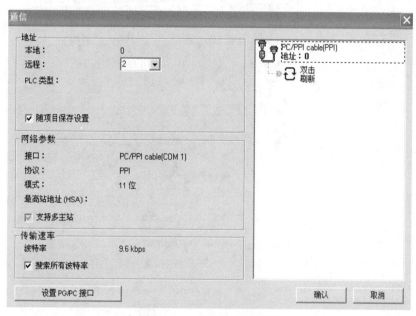

图 1-1-28　"通信"对话框

2）双击对话框中的刷新图标，STEP 7-Micro/WIN32 编程软件将检查所连接的所有 S7-200 CPU 站，如图 1-1-29 所示。

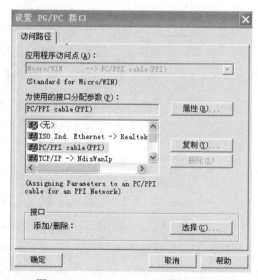

图 1-1-29　S7-200 CPU 连接站对话框

3）双击要进行通信的站，在通信建立对话框中可以显示所选的通信参数，也可以重新设置。

（5）通信参数设置。

1）单击浏览条中的系统块图标或者选择"查看（View）"→"元件"→"系统块（System Block）"命令，会弹出"系统块"对话框，如图 1-1-30 所示。

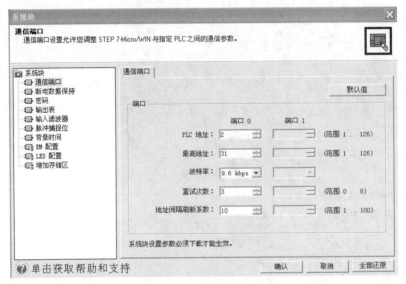

图 1-1-30　"系统块"对话框

2）单击"通信端口"选项卡，检查各参数，确认无误后单击"确认"按钮。若需要修改某些参数，可以先进行有关的修改，然后再单击"确认"按钮。

3）单击工具栏中的"下载"按钮，将修改后的参数下载到可编程序控制器。

2. STEP 7-Micro/WIN32 软件使用

启动 STEP 7-Micro/WIN32 编程软件，其主界面外观如图 1-1-31 所示。主界面一般可以分为以下几个部分：主菜单、工具栏、浏览条、指令树、用户窗口、输出窗口和状态栏。除菜单栏外，用户可以根据需要通过"查看"菜单和"窗口"菜单决定其他窗口的取舍和样式的设置。

（1）主菜单。

主菜单包括文件、编辑、查看、PLC、调试、工具、窗口、帮助 8 个主菜单项。

（2）工具栏。

STEP 7-Micro/WIN32 提供了两行快捷按钮工具栏，共有四种，可以通过"查看"→"工具栏"命令重设。

1）标准工具栏，从左至右包括新建、打开、保存、打印、预览、剪切、复制、粘贴、撤消、编译、全部编译、上载、下载等按钮。

2）调试工具栏，从左至右包括 PLC 运行模式、PLC 停止模式、程序状态打开/关闭状态、图状态打开/关闭状态、状态图表单次读取、状态图表全部写入等按钮。

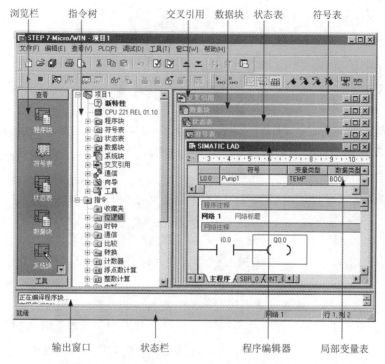

图 1-1-31　STEP 7-Micro/WIN32 编程软件主界面

3）公用工具栏，从左至右依次为插入网络、删除网络、切换 POU 注解、切换网络注解、切换符号信息表、切换书签、下一个书签、上一个书签、清除全部书签、建立表格未定义符号、常量说明符。

4）LAD 指令工具栏，从左至右依次为插入向下直线、插入向上直线、插入左行、插入右行、插入触点、插入线圈、插入指令盒。

（3）浏览栏。

浏览条中设置了控制程序特性的按钮，包括程序块（Program Block）、符号表（Symbol Table）、状态图表（Status Chart）、数据块（Data Block）、系统块（System Block）、交叉引用（Cross Reference）和通信（Communication）。

（4）指令树。

指令树以树型结构提供编程时用到的所有项目对象和 PLC 所有指令。

（5）用户窗口。

可同时或分别打开 6 个用户窗口，分别为交叉引用、数据块、状态表、符号表、程序编辑器、局部变量表。

（6）输出窗口。

用来显示 STEP 7-Micro/WIN32 程序编译的结果，如编译结果有无错误、错误编码和位置等。

（7）状态栏。

提供有关在 STEP 7-Micro/WIN32 中操作的信息。

3. 系统块的配置

系统块配置又称 CPU 组态，进行 STEP 7-Micro/WIN32 编程软件系统块配置有以下三种方法：

- 选择"查看"→"元件"→"系统块"命令。
- 在浏览栏中单击"系统块"按钮。
- 双击指令树内的"系统块"图标。

系统块的配置包括数字量输入滤波、模拟量输入滤波、脉冲截取（捕捉）、数字输出表、通信端口、密码设置、保持范围、背景时间等。

（1）设置数字量输入滤波。

对于来自工业现场的输入信号的干扰，可以通过对 S7-200 的 CPU 单元上的全部或部分数字量输入点合理地定义输入信号延迟时间来有效地抑制或消除输入噪声的影响，这就是设置数字量输入滤波器的缘由。如 CPU22X 型，输入延迟时间的范围为 0.2ms～12.8ms，系统的默认值是 6.4ms。

（2）设置模拟量输入滤波（适用机型：CPU222、CPU224、CPU226）。

如果输入的模拟量信号是缓慢变化的信号，可以对不同的模拟量输入采用软件滤波器进行模拟量的数字滤波设置。模拟输入滤波系统中的三个参数需要设定：数字滤波的模拟量输入地址、采样次数和死区值。系统默认参数为：选择全部模拟量输入（AIW0～AIW62 共 32 点），采样次数为 64，死区值为 320（如果模拟量输入值与滤波值的差值超过 320，滤波器对最近的模拟量输入值的变化将是一个阶跃数）。

（3）脉冲截取（捕捉）。

如果在两次输入采样期间出现了一个小于一个扫描周期的短暂脉冲，在没有设置脉冲捕捉功能时，CPU 就不能捕捉到这个脉冲信号。系统的默认状态为所有的输入点都不设脉冲捕捉功能。

（4）设置数字输出表。

S7-200 在运行过程中可能会遇到由 RUN 模式转到 STOP 模式，在已经配置了数字输出表功能时，就可以将数字输出表复制到各个输出点，使各个输出点的状态变为由数字输出表规定的状态或者保持转换前的状态。

（5）定义存储器保持范围。

在 S7-200 系列 PLC 中，可以用编程软件来设置需要保持数据的存储器，以防止电源掉电时可能丢失一些重要参数。当电源掉电时，在存储器 V、M、C 和 T 中最多可定义 6 个需要保持的存储器区。对于 M，系统的默认值是 MB0～MB13 不保持；对于定时器 T，只有 TONR 可以保持；对于定时器 T 和计数器 C，只有当前值可以保持，而定时器位和计数器位是不能保持的。

（6）CPU 密码设置。

CPU 密码保护的作用是限制某些存取功能。在 S7-200 中，对存取功能提供了三个等级的限制，系统的默认状态是 1 级（不受任何限制）。设置密码时首先选择限制级别，然后输入密码确认。

如果在设置密码后又忘记了密码，则只能清除 CPU 存储器的程序，然后重新装入用户程序。当进入 PLC 程序进行下载操作时弹出"请输入密码"对话框，输入 clearplc 后单击"确认"按钮，PLC 密码清除，同时清除 PLC 中的程序。

4. 程序编辑、调试及运行

（1）建立项目文件。

1）创建新项目文件，方法有以下两种：

● 选择"文件"→"新建"命令。

● 单击工具栏中的"新建"按钮。

2）打开已有的项目文件，方法有以下两种：

● 选择"文件"→"打开"命令。

● 单击工具栏中的"打开"按钮。

3）确定 PLC 类型。

选择 PLC→"类型"命令，弹出"PLC 类型"对话框，单击"读取 PLC"按钮，由 STEP 7-Micro/WIN32 自动读取正确的数值，单击"确定"按钮确认 PLC 类型。

（2）编辑程序文件。

1）选择指令集和编辑器。

S7-200 系列 PLC 支持的指令集有 SIMATIC 和 IEC1131-3 两种，本书采用 SIMATIC 编程模式，方法如下：选择"工具"→"选项"命令，在弹出对话框中单击"一般"标签，选择"编程模式选 SIMATIC"，然后单击"确定"按钮。

采用 SIMATIC 指令编写的程序可以使用 LAD（梯形图）、STL（语句表）、FBD（功能块图）三种编辑器，常用 LAD 或 STL 编程。选择编辑器的方法为：选择"查看"→LAD 或 STL。

2）在梯形图中输入指令。

① 编程元件的输入。

编程元件包括线圈、触点、指令盒和导线等，梯形图每一个网络必须从触点开始，以线圈或没有 ENO 输出的指令盒结束。编程元件可以通过指令树、工具按钮、快捷键等方法输入。

当编程元件图形出现在指定位置后，再单击编程元件符号的"??.?"，输入操作数，按回车键确定。红色字样显示语法出错，当把不合法的地址或符号改为合法值时红色消失。若数值下面出现红色的波浪线，表示输入的操作数超出范围或与指令的类型不匹配。

② 上下行线的操作。

将光标移到要合并的触点处，单击上行线或下行线按钮。

③ 程序的编辑。

用光标选中需要进行编辑的单元，单击右键，弹出快捷菜单，可以进行剪切、复制、粘贴、删除，也可以插入或删除行、列、垂直线或水平线。

④ 编写符号表。

单击浏览条中的"符号表"按钮，在"符号"列键入符号名，在"地址"列键入地址，在"注释"列键入注解即可建立符号表，如图 1-1-32 所示。

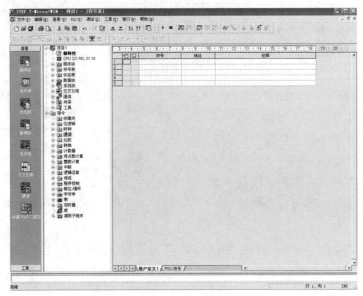

图 1-1-32   符号表界面

符号表建立后，选择"查看"→"符号编址"命令，直接地址将转换成符号表中对应的符号名；也可以通过菜单命令"工具"→"选项"→"程序编辑器"→"符号编址"来选择操作数显示的形式，如选择"显示符号和地址"。

⑤ 局部变量表。

可以拖动分割条展开局部变量表并覆盖程序视图，此时可以设置局部变量表。在"符号"栏中写入局部变量名称，在"数据类型"栏中选择变量类型后系统自动分配局部变量的存储位置。局部变量有四种定义类型：IN（输入）、OUT（输出）、IN_OUT（输入输出）、TEMP（临时）。

⑥ 程序注释。

LAD 编辑器中提供了程序注释（POU）、网络标题、网络注释三种功能的解释，方便用户更好地读取程序，方法是单击绿色注释行后输入文字，其中程序注释和网络注释可以通过工具栏中的按钮或"查看"菜单进行隐藏或显示。

（3）程序的编译及下载。

1）编译。

用户程序编辑完成后需要进行编译，编译的方法有如下两种：

● 单击"编译"按钮或者选择菜单命令 PLC→"编译"，编译当前被激活窗口中的程序块或数据块。

● 单击"全部编译"按钮或者选择菜单命令 PLC→"全部编译"，编译全部项目元件（程序块、数据块和系统块）。

2）下载。

程序经过编译后方可下载到 PLC。下载前先做好与 PLC 之间的通信联系和通信参数设置，并且下载之前 PLC 必须为"停止"工作方式。如果 PLC 没有在"停止"方式，则单击工具栏中的"停止"按钮将 PLC 置于"停止"方式。

单击工具栏中的"下载"按钮或者选择菜单命令"文件"→"下载"，弹出"下载"对话框，在其中可以选择是否下载"程序代码块""数据块"和"CPU 配置"，单击"下载"按钮开始下载程序。

（4）程序的运行、监控与调试。

1）程序的运行。

下载成功后，单击工具栏中的"运行"按钮或者选择菜单命令 PLC→"运行"，PLC 进入 RUN（运行）工作方式。

2）程序的监控。

在工具栏中单击"程序状态打开/关闭"按钮或者选择菜单命令"调试"→"程序状态"，在梯形图中显示出各元件的状态，这时闭合触点和得电线圈内部的颜色变蓝。

3）程序的调试。

结合程序监视运行的动态显示分析程序运行的结果以及影响程序运行的因素，然后退出程序运行和监控状态，在停止状态下对程序进行修改编辑，重新编译、下载，监视运行，如此反复修改调试，直到得出正确的运行结果。

五、驱动指令

1. 置位和复位指令

置位指令：　　S　bit，N　　　将指定位开始的 N 个存储器位置 1

复位指令：　　R　bit，N　　　将指定位开始的 N 个存储器位置 0

置位复位指令的梯形图如表 1-1-5 所示。

表 1-1-5　置位复位指令

语句表	功能	梯形图	操作数
S bit,N	将从指定地址开始的 N 个位置位（变为 1）	Q0.0 —(S) 2	bit：Q、M、SM、T、C、V、S
R bit,N	将从指定地址开始的 N 个位复位（变为 0）	Q0.0 —(R) 2	N：VB、IB、QB、MB、SMB、 LB、SB、AC、常数

置位复位指令的使用说明：

（1）对位元件来说，一旦被置位就保持在通电状态，除非对它复位；一旦被复位就保持在断电状态，除非对它再置位。

（2）S/R 指令可以互换次序使用，但由于 PLC 采用扫描工作方式，所以写在后面的指令有优先权。

（3）如果对计数器和定时器复位，则计数器和定时器的当前值被清零。

（4）N 的范围为 1～255，N 可为：VB、IB、QB、MB、SMB、SB、LB、AC、常数、*VD、*AC 和*LD，一般情况下使用常数。

（5）S/R 指令的操作数为：I、Q、M、SM、T、C、V、S 和 L。

应用举例：置位和复位指令应用举例的梯形图、语句表和时序图如图 1-1-33 所示。

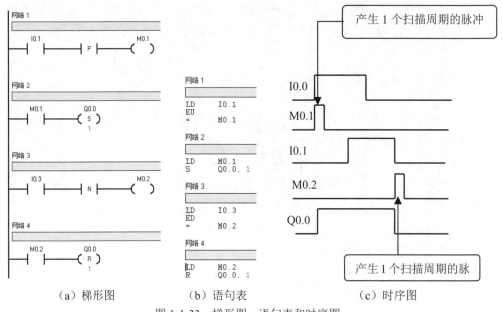

（a）梯形图　　　（b）语句表　　　（c）时序图

图 1-1-33　梯形图、语句表和时序图

2. RS 触发器指令

RS 触发器指令的输入/输出操作数为：I、Q、V、M、SM、S、T、C，bit 的操作数为：I、Q、V、M 和 S。RS 触发器指令如图 1-1-34 所示，其真值表如表 1-1-6 所示，RS 触发器指令应用如图 1-1-35 所示。

（a）SR 指令　　　　　　　　　　　　　（b）RS 指令

图 1-1-34　RS 触发器指令

表 1-1-6　RS 触发器指令的真值表

指令	S1/S	R/R1	输出（bit）	指令	S1/S	R/R1	输出（bit）
置位优先 SR	0	0	保持前一状态	复位优先 RS	0	0	保持前一状态
	0	1	0		0	1	0
	1	0	1		1	0	1
	1	1	1		1	1	0

3. 立即操作指令

（1）立即输入指令：在触点指令后面加上"I"。执行时立即读取物理地址输入点的值，

但是不刷新相应映像寄存器的值。

指令包括：LDI、LDNI、AI、ANI、OI、ONI。

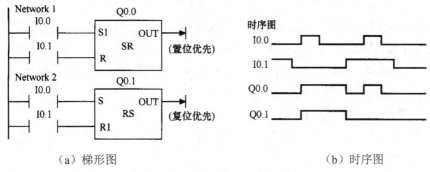

（a）梯形图　　　　　　　　　　　　（b）时序图

图 1-1-35　RS 触发器指令应用

（2）立即输出指令：用立即指令访问输出点时把堆栈顶值立即复制到指令所指定的物理输出点，同时相应输出映像寄存器的内容也被刷新。

指令格式：=I

（3）立即置位/复位指令：用立即置位/复位指令访问输出点时，从指令所指的位开始的 N 个物理输出点被立即置位/复位，相应映像寄存器的内容被刷新。

指令格式：SI　　bit　　N

　　　　　　RI　　bit　　N

操作数：VB、IB、QB、SMB、LB、SB、AC、VD、LD、常数

位 bit：Q

应用举例：立即指令应用举例的梯形图和语句表如图 1-1-36 所示。

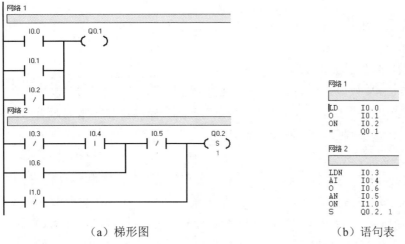

（a）梯形图　　　　　　　　　（b）语句表

图 1-1-36　立即指令的梯形图和语句表

六、PLC 模拟量输入/输出

工业控制中，某些输入是模拟量，某些执行机构要求 PLC 输出模拟量信号，而 PLC 的

CPU 只能处理数字量。所以，输入 PLC 内部的模拟量首先被传感器和变送器转换成标准量程的电流或电压信号（如 4mA～20mA 的直流电流信号、0～5V 或-5V～+5V 的直流电压信号），经滤波、放大后，PLC 用 A/D 转换器将其转换为数字信号，经光耦合器进入 PLC 内部电路，在输入采样阶段进入模拟量输入映像寄存器，执行用户程序后 PLC 输出的数字量信号存放在模拟量输出映像寄存器中，在输出刷新阶段由内部电路送至光耦合器的输入端，再进入 D/A 转换器，转换后的直流模拟量信号经运算放大器放大后驱动输出。模拟量 I/O 模块的主要任务就是实现 A/D 转换和 D/A 转换。

1. 模拟量输入 AI EM231

EM231 AI4 有四个模拟量输入端口，每个通道占用存储器 AI 区域 2 个字节，输入值为只读数据，如图 1-1-37 所示。

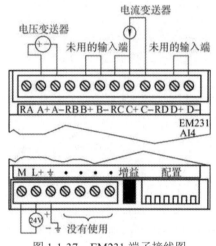

图 1-1-37　EM231 端子接线图

电压输入范围：单极性 0～10V、0～5V，双极性-5V～+5V、-2.5～+2.5V。

电流输入范围：0～20mA。

模拟量到数字量的最大转换时间为 250μs。

模块需要 DC24V 供电，可由 CPU 的传感器电源供电，也可由用户提供外部电压。

模块上部共有 12 个端子，每 3 个点为一组可作为一路模拟量的输入通道，共 4 组。

电压信号只用两个端子，电流信号需要用 3 个端子，其中 RC 与 C+端子短接，未用的输入通道应短接。

模块下部 M、L+端接入 DC24V 电源，右端分别是校准电位器和配置开关 DIP。

转换时应考虑现场信号变送器的输入/输出量程（4mA～20mA）与模拟量输入输出模块的量程（如 0～20mA），找出被测物理量与 A/D 转换后的二进制数值之间的关系。

2. 模拟量输出 AQ EM232

EM232 AQ2 有两个模拟量输出端口，每个通道占用存储器 AQ 区域 2 个字节，如图 1-1-38 所示。

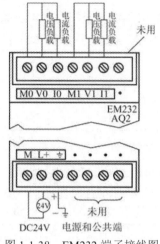

图 1-1-38　EM232 端子接线图

输出信号的范围：电压输出为 -10V～+10V，电流输出为 0～20mA。

电压输出的设置时间是 100μs，电流输出的设置时间是 2ms。

最大驱动能力：电压输出时负载电阻最小是 5000Ω，电流输出时负载电阻最大是 500Ω。

模块需要 DC24V 供电，可由 CPU 的传感器电源供电，也可由用户提供外部电压。

模块上部共有 7 个端子，左端起的每 3 个点为一组可作为一路模拟量的输出通道，共 2 组。

第一组，V0 接电压负载，I0 接电流负载，M0 为公共端。

模块下部 M、L+ 端接入 DC24V 电源。

3. 模拟量输入 AI/输出 AQ EM235

EM235 AI4/AQ1 有 4 个模拟量输入端口和 1 个模拟量输出端口，如图 1-1-39 所示。

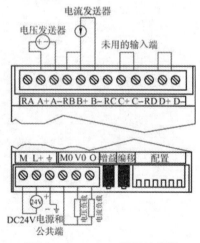

图 1-1-39　EM235 端子接线图

模拟量输入功能同 EM231 模拟量输入模块，技术参数基本相同，只是电压输入范围有所不同。

模拟量输出功能同 EM232 模拟量输出模块，技术参数基本相同。

模块需要 DC24V 供电，可由 CPU 的传感器电源供电，也可由用户提供外部电压。

【思考与练习】

1. PLC 的工作过程分哪几步？

2. PLC 内部结构由哪几部分构成？

3. S7-200 采用的是什么编程语言？

4. 使用基本指令或置位、复位指令编写两套电动机（两台）的控制程序，控制要求如下：

（1）起动时，电动机 M1 先起动才能起动电动机 M2，停止时，电动机 M1、M2 同时停止。

（2）起动时，电动机 M1、M2 同时起动，停止时，只有在电动机 M2 停止时电动机 M1 才能停止。

5. 在两人抢答系统中，当主持人允许抢答时，先按下抢答按钮的进行回答且指示灯亮，主持人可随时停止回答，分别使用 PLC 梯形图、基本指令实现这一控制功能。

【重点记录】

_____

_____

_____

_____

项目 2　设计调试三相异步电动机的星－角降压起动 PLC 控制系统

【任务描述】

三相异步电动机星－角降压起动控制是应用最广泛的起动方式，电动机首先星形起动，延时一段时间后变为三角形起动方式。

若三相异步电动机直接起动，起动电流就是额定电流的 4～7 倍。降压起动就是它额定电流的 1/3 左右。为了减少起动电流对电动机的冲击（甚至烧毁）和对电网造成的电压不稳定，大容量的电动机往往需要采取降压起动。现在国内用得最多的是变频软起动，这可以在起动时保护电动机，防止电动机的起动电流过大而烧毁电动机，简单的降压起动就是星－角接法起动。

【任务资讯】

一、内部标志位存储器 M

用来保存控制继电器的中间操作状态，其作用相当于继电器控制中的中间继电器。内部标志位存储器在 PLC 中没有输入/输出端与之对应，其线圈的通断状态只能在程序内部用指令驱动，其触点不能直接驱动外部负载，只能在程序内部驱动输出继电器的线圈，再用输出继电器的触点去驱动外部负载。

地址格式：位地址 Ax.y，例如 M0.0。

字节、字、双字地址格式 ATx，例如 MB4、MW4、MD4。

地址范围：与 CPU 的型号有关，CPU226 为 M0.0～M31.7。

在梯形图中，若多个线圈都受某一触点串并联电路的控制，为了简化电路，在梯形图中可以设置该电路控制的存储器的位，如图 1-2-1 所示，这类似于继电器电路中的中间继电器。

二、定时器指令 T

S7-200 系列 PLC 的定时器是对内部 1ms、10ms 和 100ms 时钟脉冲累计时间增量计时的，每个定时器均有一个 16 位的当前值寄存器用以存放当前值（16 位符号整数）、一个 16 位的预置值寄存器用以存放时间的设定值和一位状态位以反映其触点的状态。

使能输入有效后，当前值 PT 对 PLC 内部的时基脉冲增 1 计数，当计数值大于或等于定时器的预置值后状态位置 1。

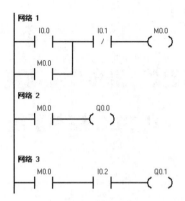

图 1-2-1　内部标志位存储器应用

定时时间等于分辨率与设定值的乘积，定时时间=预置值×时基。

S7-200 PLC 按工作方式分为三类：通电延时型 TON、记忆通电延时型 TONR、断电延时型 TOF，如表 1-2-1 所示。定时器可以用用户程序存储器内的常数作为设定值，也可以用数据寄存器的内容作为设定值，允许最大值为 32767。定时器编号范围为 0～255，定时器预置 PT 可寻址寄存器 VW、IW、QW、MW、SMW、LW、AC、AIW、T、C 及常数。定时器除了有设定值之外，还有当前值和状态值。当前值寄存器为 16bit，最大计数值为 32767，由此可以推算不同分辨率的定时器的设定时间范围。

表 1-2-1　定时器类型

工作方式	时基（ms）	最大定时范围（s）	定时器号
TONR	1	32.767	T0、T64
	10	327.67	T1～T4、T65～T68
	100	3276.7	T5～T31、T69～T95
TON/TOF	1	32.767	T32、T96
	10	327.67	T33～T36、T97～T100
	100	3276.7	T37～T63、T101～T255

TOF 和 TON 共享同一组定时器，不能重复使用，即不能把一个定时器同时用作 TOF 和 TON。例如不能既有 TON　T32，又有 TOF　T32。

通电延时型定时器 TON（On-Delay Timer）的详细功能如表 1-2-2 所示。

表 1-2-2　TON 定时器

梯形图	语句表		功能
	操作码	操作数	
TXXX IN　TON PT	TON	TXXX,PT	使能输入端 IN 为"1"时，定时器开始定时；当定时器当前值大于等于预定值 PT 时，定时器位变为 ON（位为"1"）；当定时器使能输入端 IN 由"1"变为"0"时，TON 定时器复位

应用举例：定时器的梯形图、语句表和时序图如图 1-2-2 所示。

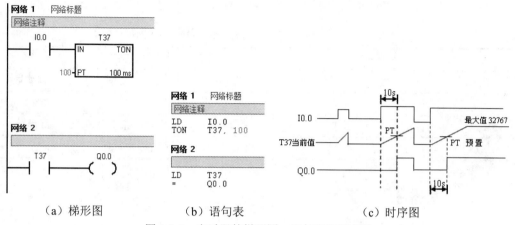

(a) 梯形图　　　　　(b) 语句表　　　　　(c) 时序图

图 1-2-2　定时器的梯形图、语句表和时序图

当 I0.0 接通时即使能端（IN）输入有效时，驱动 T37 开始计时，当前值从 0 开始递增，计时到设定值 PT 时，T37 状态位置 1，其常开触点 T37 接通，驱动 Q0.0 输出，其后当前值仍增加，但不影响状态位。当前值的最大值为 32767。当 I0.0 分断时，使能端无效时，T37 复位，当前值清零，状态位也清零，即回复原始状态。若 I0.0 接通时间未到设定值就断开，则 T37 立即复位，Q0.0 不会有输出。

【任务分析】

1. 任务要求

按下起动按钮，电源和星形连接接触器得电，异步电动机接成星形连接降压起动，同时时间继电器得电，延时 5s 后星形连接失电，三角形连接接触器得电，电动机接成三角形正常运行，如图 1-2-3 所示。

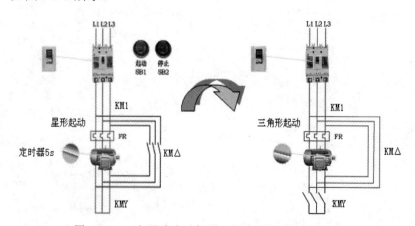

图 1-2-3　三相异步电动机星—角降压起动控制示意图

2. PLC 选型

德国西门子 S7-200 CPU226 可编程序控制器。

3. 输入/输出分配

输入/输出信号与 PLC 地址分配表如表 1-2-3 所示。

表 1-2-3　三相异步电动机星－角降压起动控制的 I/O 地址分配表

输入信号			输出信号		
名称	功能	编号	名称	功能	编号
SB1	起动	I0.0	KM1	电源	Q0.0
SB2	停止	I0.1	KMY	星形起动	Q0.1
FR	过载	I0.2	KM△	三角形起动	Q0.2

【任务实施】

1. 器材准备

完成本任务的实训安装、调试所需器材如表 1-2-4 所示。

表 1-2-4　三相异步电动机星－角降压起动 PLC 控制系统一览表

器材名称	数量
PLC 基本单元 CPU226	1 个
计算机	1 台
三相异步电动机星－角降压起动模拟装置	1 个
导线	若干
交、直流电源	1 套
电工工具及仪表	1 套

2. 硬件接线

三相异步电动机星－角降压起动控制电路如图 1-2-4 所示，其 I/O 接线图如图 1-2-5 所示。

3. 编写 PLC 控制程序

根据三相异步电动机星－角降压起动的控制要求，运用 PLC 的基本指令和定时器指令便可以实现软件编程，其梯形图和语句表如图 1-2-6 所示。

4. 系统调试

（1）程序输入。

在计算机上打开 S7-200 编程软件，选择相应 CPU 类型，建立三相异步电动机星—角降压起动的 PLC 控制项目，输入编写的梯形图或语句表程序。

（2）模拟调试。

将输入完成的程序编译后导出为 awl 格式文本文件，在 S7-200 仿真软件中打开。按下输入控制按钮，观察程序仿真结果。如与任务要求不符，则结束仿真，对编程软件中的程序进行分析修改，再重新导出文件，经仿真软件进一步调试，直到仿真结果符合任务要求。

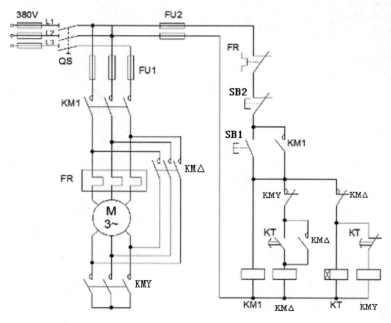

图 1-2-4 三相异步电动机星－角降压起动控制电路图

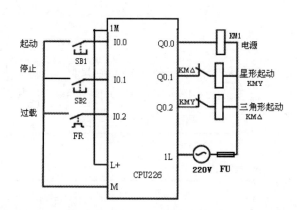

图 1-2-5 三相异步电动机星－角降压起动 PLC 的 I/O 接线图

（3）系统安装。

系统安装可在硬件设计完成后进行，可与软件、模拟调试同时进行。系统安装只需按照安装接线图进行即可，注意输入输出回路的电源接入。

（4）系统调试。

确定硬件接线、软件调试结果正确后，合上 PLC 电源开关和输出回路电源开关，按下三相异步电动机星－角降压起动的起动按钮，观察 PLC 是否有输出、输出继电器 Q 的变化顺序是否正确。如果结果不符合要求，观察输入及输出回路是否接线错误。排除故障后重新送电，起动电动机运转，再次观察运行结果或者计算机显示监控画面，直到符合要求为止。

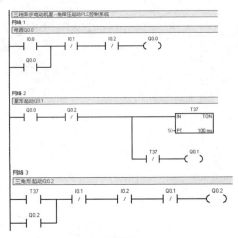
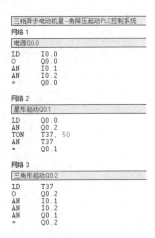

（a）梯形图   （b）语句表

图 1-2-6 三相异步电动机星－角降压起动的梯形图和语句表

（5）填写任务报告书。

如实填写任务报告书，分析设计过程中的经验，编写设计总结。

【知识拓展】

一、TONR 及 TOF 定时器

1. 记忆通电延时型定时器 TONR（Retentive On-Delay Timer）

记忆通电延时型定时器 TONR（Retentive On-Delay Timer）的详细功能如表 1-2-5 所示。

表 1-2-5 TONR 定时器

梯形图	语句表		功能
	操作码	操作数	
TXXX IN TONR PT	TONR	TXXX,PT	TONR 定时器开始延时：为"0"时，定时器停止计时，并保持当前值不变；当定时器当前值达到预定值 PT 时，定时器位变为 ON（位为"1"）

说明：TONR 定时器的复位只能用复位指令来实现。

使能端（IN）输入有效时（接通），定时器开始计时，当前值递增，当前值大于或等于预置值（PT）时，输出状态位置 1；使能端输入无效（断开）时，当前值保持（记忆），使能端（IN）再次接通有效时，在原记忆值的基础上递增计时。

应用举例：记忆通电延时型定时器的梯形图、语句表和时序图如图 1-2-7 所示。

2. 断电延时型定时器 TOF（Off-Delay Timer）

断电延时型定时器 TOF（Off-Delay Timer）的详细功能如表 1-2-6 所示。

断电延时型定时器用来在输入断开，延时一段时间后才断开输出。使能端（IN）输入

有效时，定时器输出状态位立即置 1，当前值复位为 0；使能端（IN）断开时，定时器开始计时，当前值从 0 递增，当前值达到预置值时，定时器状态位复位为 0 并停止计时，当前值保持。

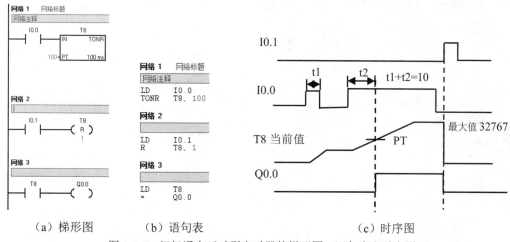

（a）梯形图　　　（b）语句表　　　　　（c）时序图

图 1-2-7　记忆通电延时型定时器的梯形图、语句表和时序图

表 1-2-6　TOF 定时器

梯形图	语句表		功能
	操作码	操作数	
TXXX IN　TOF PT	TOF	TXXX,PT	TOF 定时器位变 ON，当前值被清零；当定时器的使能输入端 IN 为 "0" 时，TOF 定时器开始定时；当前值达到预定值 PT 时，定时器位变为 OFF（该位为 "0"）且保持当前值

如果输入断开的时间小于预定时间，定时器仍保持接通。IN 再接通时，定时器当前值仍设为 0。

应用举例：断电延时型定时器的梯形图、语句表和时序图如图 1-2-8 所示。

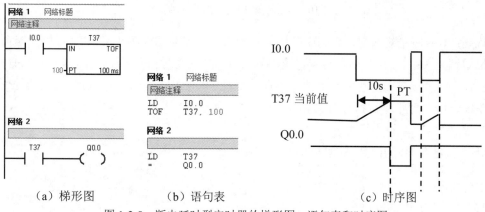

（a）梯形图　　　　（b）语句表　　　　　（c）时序图

图 1-2-8　断电延时型定时器的梯形图、语句表和时序图

二、定时器指令的应用与扩展

1. 脉冲电路

脉冲电路的梯形图和时序图如图 1-2-9 所示。

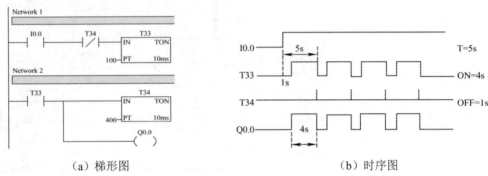

（a）梯形图   （b）时序图

图 1-2-9   脉冲电路

一个机器扫描周期的时钟脉冲发生器，用本身触点激励输入的定时器（如图 1-2-10（a）所示）时基为 1ms 和 10ms 时不能可靠工作，一般不宜使用本身触点作为激励输入。选用图 1-2-10（b）所示的形式，无论何种时基都能正常工作。

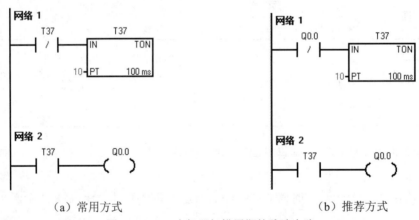

（a）常用方式   （b）推荐方式

图 1-2-10   一个机器扫描周期的脉冲电路

说明：1ms 时基定时器，采用中断的方式每隔 1ms 定时器刷新一次定时器位和当前值，与扫描周期无关；10ms 时基定时器，定时器位和当前值总是在每个扫描周期的开始时被刷新，之后在整个扫描周期内定时器位和当前值保持不变；100ms 时基定时器，定时器位和当前值是在该定时器指令被执行时刷新。

2. 延时接通/延时断开电路

延时接通/延时断开电路的时序图、梯形图和语句表如图 1-2-11 所示。

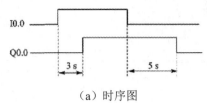

（a）时序图

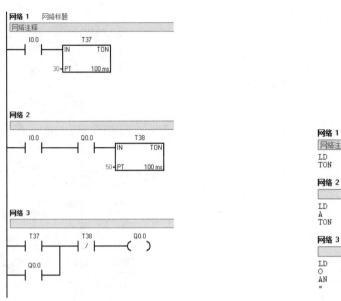

（b）梯形图 （c）语句表

图1-2-11 延时接通/延时断开电路的时序图、梯形图和语句表

3. 闪烁电路（振荡电路）

闪烁电路（振荡电路）的梯形图和时序图如图1-2-12所示。

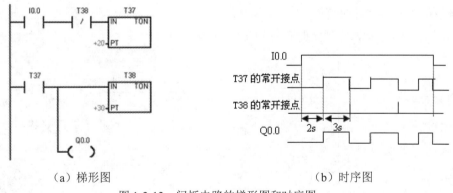

（a）梯形图 （b）时序图

图1-2-12 闪烁电路的梯形图和时序图

4. 报警电路

报警电路的梯形图和语句表如图1-2-13所示。

输入信号：I0.0为故障1，I0.1为故障2，I1.0为消铃按钮，I1.1为试灯、试铃按钮。

输出信号：Q0.0为故障1指示灯，Q0.1为故障2指示灯，Q0.7为报警电铃。

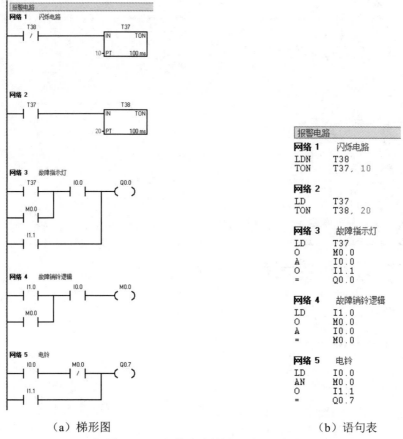

（a）梯形图　　　　　　　　　（b）语句表

图 1-2-13　报警电路的梯形图和语句表

5. 定时器延时扩展

S7-200 定时器的最大计时时间为 3276.7s。为了产生更长的设定时间，可以将多个定时器联合使用以扩展其计时范围。

如图 1-2-14 所示，实现定时总时间 T=T1+T2=5+10=15s。

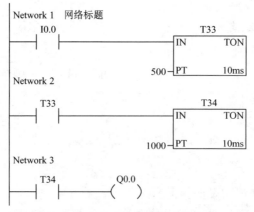

图 1-2-14　两个定时器的组合扩展定时时间

三、时钟脉冲特殊位存储器

PLC 中还有若干特殊标志位存储器，特殊标志位存储器位提供大量的状态和控制功能，用来在 CPU 和用户程序之间交换信息，特殊标志位存储器能以位、字节、字或双字来存取，S7-200 CPU 的 SM 的位地址编号范围为 SM0.0～SM549.7，共 550 个字节。其中 SM0.0～SM29.7 的 30 个字节为只读型区域。

SM0.4：该位是一个周期为 1min、占空比为 50%的时钟脉冲。

SM0.5：该位是一个周期为 1s、占空比为 50%的时钟脉冲。

如图 1-2-15 所示，Q0.0 与 Q0.1 可以周期性输出 1min 和 1s 脉冲。

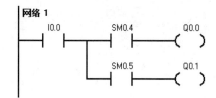

图 1-2-15 周期性脉冲输出

【思考与练习】

1. 设计周期为 5s、占空比为 20%的方波输出信号程序。

2. I0.0 外接自锁按钮，当按下自锁按钮后，Q0.0、Q0.1、Q0.2 外接的灯循环点亮，每过一秒点亮一盏灯，点亮一盏灯的同时熄灭另一盏灯。

3. 有 3 台电动机，要求起动时每隔 10min 依次起动 1 台，每台运行 2h 后自动停机，在运行中可用停止按钮将 3 台电动机同时停止。

4. 设计一个报警电路，要求具有声光报警。当故障发生时，报警指示灯闪烁，报警电铃或蜂鸣器响。操作人员知道故障发生后，按消铃按钮把电铃关掉，报警指示灯从闪烁变为常亮。故障消失后，报警灯熄灭。另外，还设置了试灯、试铃按钮，用于平时检测报警指示灯和电铃的好坏（故障信号 I0.0，消铃按钮 I1.0，试灯按钮 I1.1，报警灯 Q0.0，报警电铃 Q0.7）。

【重点记录】

_____

_____

_____

_____

项目 3　设计调试送料小车三点往返运行 PLC 控制系统

【任务描述】

送料小车的作用是将搅拌好的成品料运送到成品料存储仓中。早期的搅拌设备中，送料小车控制通常是采用继电器逻辑控制，但继电器的稳定性远远比不上目前的 PLC 控制设备，PLC 具有体积小、功能强、故障率低、可靠性高、维护方便等优点。本任务运用 PLC 控制送料小车的运行，取代了传统的继电器控制，实现了运料过程的自动化。送料小车由电动机带动，经限位开关控制在三点间自动往返运行。

【任务资讯】

S7-200 系列 PLC 使用一个 9 层堆栈来处理所有逻辑操作，它和计算机中的堆栈结构相同。

堆栈是一组能够存储和取出数据的暂存单元，特点是"先进后出"。每一次进行入栈操作，新值放入栈顶，栈底值丢失；每一次进行出栈操作，栈顶值弹出，栈底值补进随机数。

ALD（块与）指令：用于两个或两个以上并联电路块之间的串联，执行 ALD 指令，将堆栈中的第一级和第二级的值逻辑"与"操作，结果放在栈顶，堆栈深度减 1。

应用举例：ALD 指令运用的梯形图和语句表程序如图 1-3-1 所示。

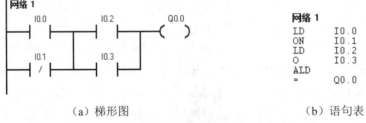

（a）梯形图　　　　　　　　　　　（b）语句表

图 1-3-1　ALD 指令运用的梯形图和语句表程序

使用说明：

（1）在块电路开始时要使用 LD 和 LDN 指令。

（2）在每完成一次块电路的串联连接后要写上 ALD 指令。

（3）ALD 指令无操作数。

【任务分析】

1. 任务要求

（1）按下起动按钮 SB1，小车电动机正转，小车前进，碰到限位开关 SQ1 后，小车电动机反转，小车后退，如图 1-3-2 所示。

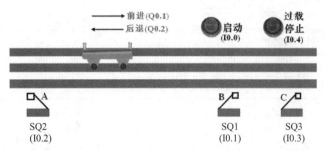

图 1-3-2　送料小车三点往返运行工作过程示意图

（2）小车后退碰到限位开关 SQ2 后，小车电动机停转，停 5s。第二次前进，碰到限位开关 SQ3，再次后退。

（3）当后退再次碰到限位开关 SQ2 时小车停止，延时 5s 后重复上述动作。

2. PLC 选型

德国西门子 S7-200 CPU226 可编程序控制器。

3. 输入/输出分配

输入/输出信号与 PLC 地址分配表如表 1-3-1 所示。

表 1-3-1　送料小车三点往返的 I/O 地址分配表

输入信号			输出信号		
名称	功能	编号	名称	功能	编号
SB1	起动	I0.0	KM1	正转	Q0.1
SQ1	B 限位开关	I0.1	KM2	反转	Q0.2
SQ2	A 限位开关	I0.2			
SQ3	C 限位开关	I0.3			
SB2	停止	I0.4			
FR	过载	I0.5			

【任务实施】

1. 器材准备

完成本任务的实训安装、调试所需器材如表 1-3-2 所示。

表 1-3-2　送料小车三点往返运行 PLC 控制系统实训器材一览表

器材名称	数量
PLC 基本单元 CPU226（或更高类型）	1 个
计算机	1 台
送料小车三点往返运行 PLC 控制模拟装置	1 个
导线	若干

器材名称	数量
交、直流电源	1 套
电工工具及仪表	1 套

2. 硬件接线

送料小车三点往返控制电路如图 1-3-3 所示，送料小车三点往返运行 I/O 接线图如图 1-3-4 所示。

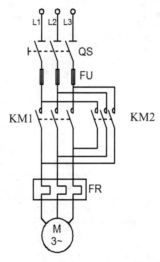

图 1-3-3　送料小车三点往返控制电路

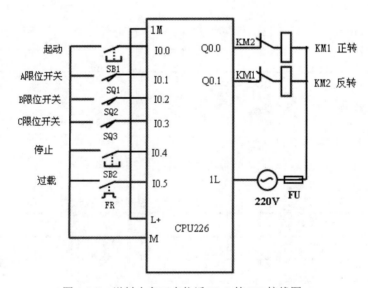

图 1-3-4　送料小车三点往返 PLC 的 I/O 接线图

3. 编写PLC控制程序

送料小车三点往返运行控制的梯形图和语句表如图1-3-5所示。

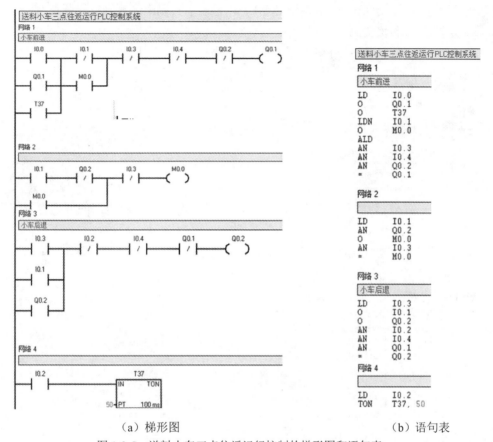

（a）梯形图　　　　　　　　　　　　（b）语句表

图1-3-5　送料小车三点往返运行控制的梯形图和语句表

4. 系统调试

（1）程序输入。

在计算机上打开S7-200编程软件，选择相应CPU类型，建立送料小车三点往返运行PLC控制项目，输入编写的梯形图或语句表程序。

（2）模拟调试。

将输入完成的程序编译后导出为awl格式文本文件，在S7-200仿真软件中打开。按下输入控制按钮观察程序仿真结果。如与任务要求不符，则结束仿真，对编程软件中的程序进行分析修改，再重新导出文件，经仿真软件进一步调试，直到仿真结果符合任务要求。

（3）系统安装。

系统安装可在硬件设计完成后进行，可与软件、模拟调试同时进行。系统安装只需按照安装接线图进行即可，注意输入输出回路的电源接入。

（4）系统调试。

确定硬件接线、软件调试结果正确后合上PLC电源开关和输出回路电源开关，按下送料小车三点往返运行 PLC 控制的起动按钮，观察 PLC 是否有输出、输出继电器 Q 的变化顺序是否正确。如果结果不符合要求，观察输入及输出回路是否接线错误。排除故障后重新送电，起动电动机运转，再次观察运行结果或者计算机显示监控画面，直到符合要求为止。

（5）填写任务报告书。

如实填写任务报告书，分析设计过程中的经验，编写设计总结。

【知识拓展】

一、电路块的并联指令

OLD（块或）指令：两个或两个以上串联电路块之间的并联。

使用说明：

（1）除在网络块逻辑运算的开始使用 LD、LDN 指令外，在块电路的开始也要使用 LD、LDN 指令。

（2）每完成一次块电路的并联时要写上 OLD 指令。

（3）OLD 指令无操作数。

OLD 指令应用及 OLD 与 ALD 指令应用如图 1-3-6 和图 1-3-7 所示。

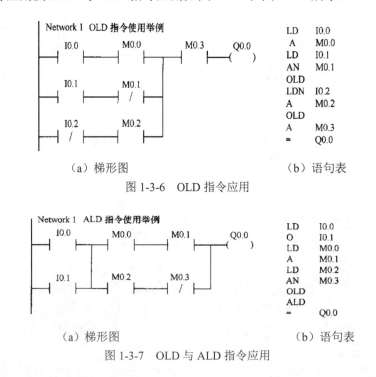

（a）梯形图　　　　　　　　　　　（b）语句表

图 1-3-6　OLD 指令应用

（a）梯形图　　　　　　　　　　　（b）语句表

图 1-3-7　OLD 与 ALD 指令应用

二、栈存储器指令

逻辑堆栈指令主要用来完成对触点进行的复杂连接。

逻辑进栈（LPS）指令：复制堆栈中的顶值并使该数值进栈，堆栈底值被推出栈并丢失。

逻辑出栈（LPP）指令：将堆栈中的一个数值出栈，第二个堆栈数值成为堆栈新顶值。

逻辑读取（LRD）指令：将第二个堆栈数值复制至堆栈顶部。不执行进栈或出栈，但旧堆栈顶值被复制破坏。

载入堆栈（LDS）指令：复制堆栈中的堆栈位 n，并将该数值置于堆栈顶部，堆栈底值被推出栈并丢失。

具体操作过程如图 1-3-8 所示。

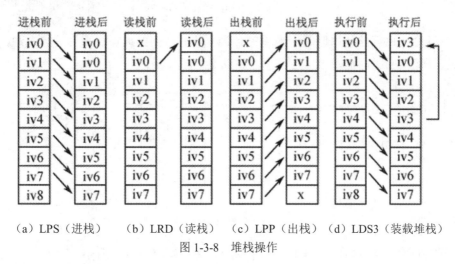

（a）LPS（进栈）　（b）LRD（读栈）　（c）LPP（出栈）（d）LDS3（装载堆栈）

图 1-3-8　堆栈操作

注意： LDS3 是指复制第三级的数值。

应用举例：堆栈操作的梯形图和语句表如图 1-3-9 所示。

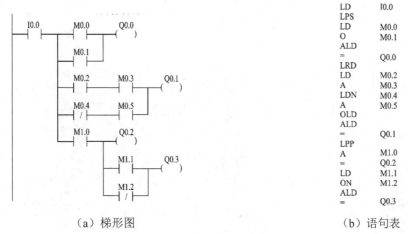

（a）梯形图　　　　　　　　　　　（b）语句表

图 1-3-9　堆栈操作的梯形图和语句表

三、梯形图优化

在有几个串联电路相并联时，应将触点最多的支路放在梯形图的最上面，如图 1-3-10 所示。

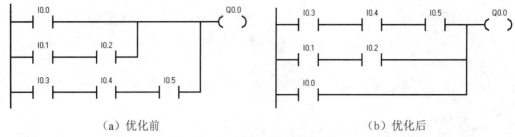

（a）优化前 　　　　　　　　　　　　（b）优化后

图 1-3-10　串联电路相并联优化

在有几个并联回路相串联时，应将触点最多的并联回路放在梯形图的最左边，这样的安排使程序简洁明了，指令语句也较少，如图 1-3-11 所示。

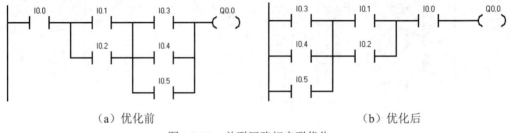

（a）优化前 　　　　　　　　　　　　（b）优化后

图 1-3-11　并联回路相串联优化

在有线圈的并联电路中，将单个线圈放在上面，如图 1-3-12 所示。

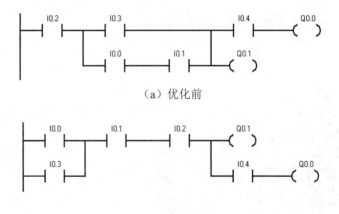

（a）优化前

（b）优化后

图 1-3-12　线圈的并联优化

【思考与练习】

1. PLC 控制三台交流异步电动机 M1、M2 和 M3 顺序起动，按下起动按钮 SB1 后，第一台电动机 M1 起动运行，5s 后第二台电动机 M2 起动运行，第二台电动机 M2 运行 8s 后第三台电动机 M3 起动运行，完成相关工作后按下停止按钮 SB2，三台电动机一起停止。

2. PLC 控制三台交流异步电动机 M1、M2 和 M3 顺序起动，按下起动按钮 SB1 后，三台电动机顺序自动起动，间隔时间为 10s，完成相关工作后按下停止按钮 SB2，三台电动机逆序自动停止，间隔时间为 5s。若遇紧急情况，按下急停按钮 SB3，运行的电动机立即停止。

【重点记录】

_____

_____

_____

_____

项目4 设计调试轧钢机 PLC 控制系统

【任务描述】

用 PLC 构成轧钢机控制系统，监视计数器的计数过程。

【任务资讯】

计数器用来累计脉冲输入信号上升沿的个数，当计数达到预置值时，计数器的动合（动断）触点闭合（断开），完成计数控制工作。计数器按照工作方式分为加计数器（如表 1-4-1 所示）、减计数器和加/减计数器三种。计数器地址范围为 C0～C255，计数范围为 1～32767。计数器指令操作数有四个方面：编号、预设值、脉冲输入和复位输入。

表 1-4-1 加计数器

梯形图	语句表		功能
	操作码	操作数	
CXXX CU　CTU PV	CTU	CXXX,PV	加计数器对 CU 的上升沿进行加计数：当计数器的当前值大于等于设定值 PV 时，计数器位被置 1；当计数器的复位输入 R 为 ON 时，计数器被复位，计数器当前值被清零，位值变为 OFF

应用举例：加计数器工作过程的梯形图、语句表和时序图如图 1-4-1 所示。

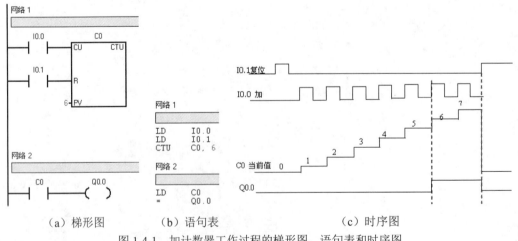

（a）梯形图　　　　（b）语句表　　　　（c）时序图

图 1-4-1 加计数器工作过程的梯形图、语句表和时序图

【任务分析】

1. 任务要求

如图 1-4-2 所示，当起动按钮按下时，电动机 M1、M2 运行，若 S1 有信号表示检测到传送带上有钢板，电动机 M3 正转，即 M3F 亮。S1 的信号消失（即为 OFF），检测传送带上钢板到位的传感器 S2 有信号（为 ON），电动机 M3 反转，即 M3R 亮，同时电磁阀 Y1 动作，给一向下压下量。S2 信号消失，S1 有信号，电动机 M3 正转，重复经过三次循环，则停机一段时间（3s），取出成品后继续运行，不需要按起动按钮。当按下停止按钮时，必须按起动按钮后方可运行。必须注意 S1 无信号而 S2 先有信号将不会有动作。当按下停止按钮时系统停止工作。

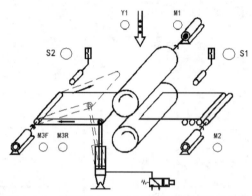

图 1-4-2　轧钢机 PLC 控制系统工作过程示意图

2. PLC 选型

德国西门子 S7-200 CPU226 可编程序控制器。

3. 输入/输出分配

输入/输出信号与 PLC 地址分配表如表 1-4-2 所示。

表 1-4-2　轧钢机 PLC 控制系统的 I/O 地址分配表

输入信号			输出信号		
名称	功能	编号	名称	功能	编号
SB1	起动	I0.0	M1	电动机 M1	Q0.0
S1	检测开关	I0.1	M2	电动机 M2	Q0.1
S2	开关	I0.2	M3F	正传指示灯	Q0.2
SB2	停止	I0.3	M3R	反转指示灯	Q0.3
FR	过载	I0.4	Y1	电磁阀	Q0.4

【任务实施】

1. 器材准备

完成本任务的实训安装、调试所需器材如表 1-4-3 所示。

表 1-4-3   轧钢机 PLC 控制系统运行 PLC 控制系统实训器材一览表

器材名称	数量
PLC 基本单元 CPU226（或更高类型）	1 个
计算机	1 台
轧钢机 PLC 控制系统运行 PLC 控制模拟装置	1 个
导线	若干
交、直流电源	1 套
电工工具及仪表	1 套

2. 硬件接线

轧钢机 PLC 控制系统运行 I/O 接线图如图 1-4-3 所示。

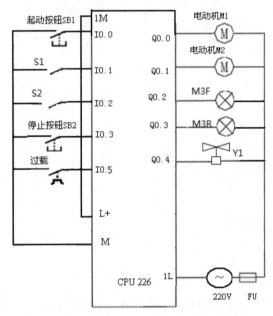

图 1-4-3   轧钢机 PLC 控制系统运行 I/O 接线图

3. 编写 PLC 控制程序

轧钢机 PLC 控制系统的梯形图如图 1-4-4 所示。

4. 系统调试

（1）程序输入。

在计算机上打开 S7-200 编程软件，选择相应 CPU 类型，建立轧钢机 PLC 控制项目，输入编写的梯形图程序。

（2）模拟调试。

将输入完成的程序编译后导出为 awl 格式文本文件，在 S7-200 仿真软件中打开。按下输入控制按钮，观察程序仿真结果。如与任务要求不符，则结束仿真，对编程软件中的程序进行分析修改，再重新导出文件，经仿真软件进一步调试，直到仿真结果符合任务要求。

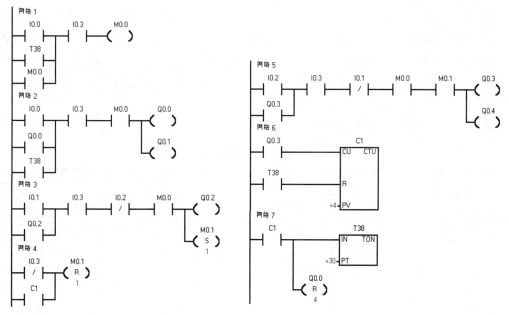

图 1-4-4　轧钢机 PLC 控制系统的梯形图

（3）系统安装。

系统安装可在硬件设计完成后进行，可与软件、模拟调试同时进行。系统安装只需按照安装接线图进行即可，注意输入输出回路的电源接入。

（4）系统调试。

确定硬件接线、软件调试结果正确后合上 PLC 电源开关和输出回路电源开关，按下轧钢机 PLC 控制的起动按钮，观察 PLC 是否有输出、输出继电器 Q 的变化顺序是否正确。如果结果不符合要求，观察输入及输出回路是否接线错误。排除故障后重新送电，起动电动机运转，再次观察运行结果或者计算机显示监控画面，直到符合要求为止。

（5）填写任务报告书。

如实填写任务报告书，分析设计过程中的经验，编写设计总结。

【知识拓展】

1. 减计数器指令 CTD（如表 1-4-4 所示）

表 1-4-4　减计数器

梯形图	语句表		功能
	操作码	操作数	
CXXX CTD LD PV	CTD	CXXX,PV	减计数器对 CD 的上升沿进行减计数：当当前值等于 0 时，该计数器位被置位，同时停止计数；当计数装载端 LD 为 1 时，当前值恢复为预设值，位值置 0

说明：

（1）CD 为计数器的计数脉冲输入端，LD 为计数器的装载端，PV 为计数器的预设值。

（2）减计数器工作过程相反，从当前计数值开始，在每一个 CD 输入状态计数器 CXXX 从预设值开始递减计数，CXXX 的当前值等于 0 时，计数器位 CXXX 置位，当输入端 LD 接通时，计数器位自动复位，当前值复位为预设值 PV。

2. 加/减计数器指令 CTUD（如表 1-4-5 所示）

表 1-4-5   加/减计数器

梯形图	语句表		功能
	操作码	操作数	
CXXX CU CTUD PV	CTUD	CXXX,PV	在加计数脉冲输入 CU 的上升沿计数器的当前值加 1，在减计数脉冲输入 CD 的上升沿计数器的当前值减 1，当前值大于等于预设值 PV 时计数器位被置位。若复位输入 R 为 ON 时或对计数器执行复位指令 R 时，计数器被复位

说明：当前计数器的当前值达到最大计数值（32767）后，下一个 CU 上升沿将使计数器当前值变为最小值（-32768）；同样在当前计数值达到最小计数值（-32768）后，下一个 CD 输入上升沿将使当前计数值变为最大值（32767）。

应用举例：加/减计数器工作过程的梯形图、语句表和时序图如图 1-4-5 所示。

3. 计数器应用

应用举例 1：按下起动按钮 I0.0，红（Q0.1）、黄（Q0.2）、绿（Q0.3）三种颜色信号灯循环显示，循环时间间隔为 1s，且循环显示三次后自动停止。梯形图如图 1-4-6 所示。

应用举例 2：计数器扩展程序。

S7-200 系列 PLC 计数器最大的计数值是 32767，若需要更大的计数范围，则必须进行扩展。例如需要计数次数为 200000 次，则需要两个计数器一起使用进行计数。梯形图和时序图如图 1-4-7 所示。

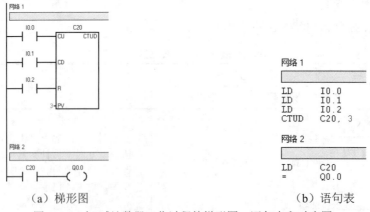

（a）梯形图   （b）语句表

图 1-4-5   加/减计数器工作过程的梯形图、语句表和时序图

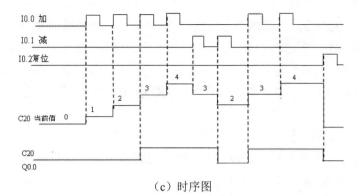

（c）时序图

图 1-4-5　加/减计数器工作过程的梯形图、语句表和时序图（续图）

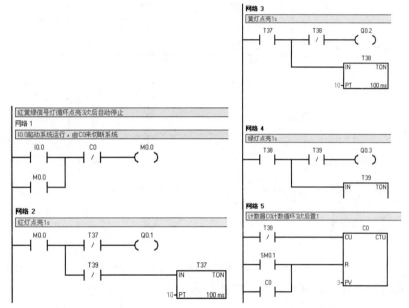

图 1-4-6　红黄绿信号灯循环点亮三次后自动停止的梯形图

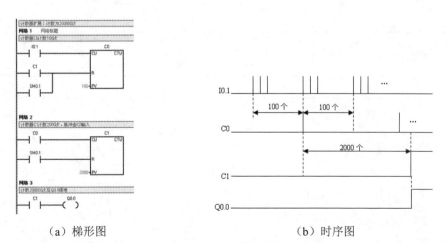

（a）梯形图　　　　　　　　　　　（b）时序图

图 1-4-7　计数器扩展的梯形图和时序图

图 1-4-7 所示为两个计数器的组合电路，C0 形成了一个预设值为 100 次的自复位计数器，计数器 C0 对 I0.1 的接通次数进行计数，I0.1 的触点每闭合 100 次 C0 自复位重新开始计数。同时，C0 的动合触点闭合，使 C1 计数一次，当 C1 计数到 2000 次时，I0.1 共接通 100×2000 次=200000 次，C1 的动合触点闭合，线圈 Q0.0 通电。该电路的计数值为两个计数器预设值的乘积，即 C=C0×C1。

应用举例 3：闪烁电路。

闪烁电路也称为振荡电路，实际上就是一个时钟电路，它可以是等间隔的通断，也可以是不等间隔的通断，如图 1-4-8 所示。

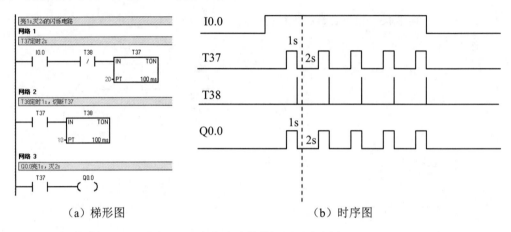

（a）梯形图　　　　　　　　（b）时序图

图 1-4-8　闪烁电路的梯形图和时序图

【思考与练习】

闪烁计数控制：按下起动按钮 I0.0，Q0.0 以灭 2s、亮 3s 的工作周期得电 20 次后自动停止；无论系统的工作状况如何，按下停止按钮 I0.1，Q0.0 将立即停止工作。

【重点记录】

_____

_____

_____

_____

单元二 PLC 顺序控制系统的设计

【情境描述】

一、设计调试自动送料装车系统 PLC 控制系统

自动送料装车系统的 PLC 控制是用于物料输送的流水线设备，主要用于煤粉、细砂等材料的运输。由初始状态、料斗进料、传送带、汽车装车控制等组合来完成特定的控制过程，系统动作稳定，能够保障生产的可靠性、安全性，降低生产成本。

二、设计调试全自动洗衣机 PLC 控制系统

全自动型洗衣机是指洗涤、漂洗、脱水各个功能之间的转换全部不用手工操作而能自动进行的洗衣机。这种洗衣机在选定的工作程序内由机电式程序控制器或微电脑程序控制器适时发出各种指令，自动完成各个执行机构的动作，使整个洗衣过程自动化。

三、设计调试液体自动混合 PLC 控制系统

在工业控制或建筑生产中，为了能够准确地按比例进行配料，液体自动混合装置应运而生，本程序能够实现三种液体自动混合控制。

四、设计调试十字路口交通灯 PLC 控制系统

十字路口的东西南北方向装设红、绿、黄灯，它们按照一定时序轮流发亮。

【学习目标】

1. 熟悉顺序控制设计法。
2. 掌握顺序控制指令的形式及功能。
3. 学会用顺序控制设计法设计顺序功能图。
4. 掌握将顺序功能图、状态图转换成梯形图的四种方法。
5. 掌握单流程、选择性分支汇合、并行分支汇合顺序功能图的编程及使用方法。

【建议课时】

36 课时。

项目 1 设计调试自动送料装车 PLC 控制系统

【任务描述】

自动送料装车系统 PLC 控制是用于物料输送的流水线设备（如图 2-1-1 所示），主要用于煤粉、细砂等材料的运输。由初始状态、料斗进料、传送带、汽车装车控制等组合来完成特定控制的过程，系统动作稳定，具备连续可靠的工作能力，能够保障生产的可靠性、安全性，降低生产成本。

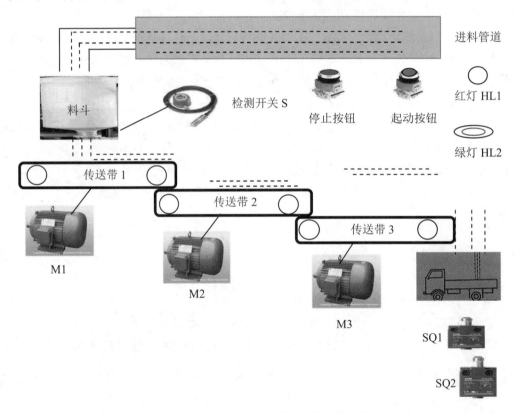

图 2-1-1 自动送料装车系统结构简图

【任务资讯】

使用起保停电路的顺序控制梯形图设计方法。

起保停电路仅仅使用与触点和线圈有关的指令，任何一种 PLC 的指令系统都有这一类指令，因此这是一种通用的编程方法，可以用于任意型号的 PLC。某一步为活动步时，对应的存储器位为 1，某一转换实现时，该转换的后续步变为活动步，前级步变为不活动步。

根据顺序功能图设计梯形图时，可以用存储器位 M 来代表步。全部用存储器位来代表步具有概念清楚、编程规范、梯形图易于阅读和查错等优点。

应用举例：鼓风机和引风机控制（如图 2-1-2 所示）。

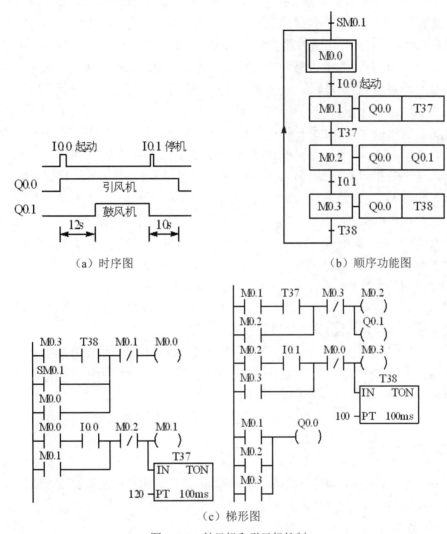

（a）时序图 　　　　　　　　　（b）顺序功能图

（c）梯形图

图 2-1-2 鼓风机和引风机控制

图 2-1-2（b）中给出了控制鼓风机和引风机的顺序功能图。设计起保停电路的关键是找出它的起动条件和停止条件。根据转换实现的基本规则，转换实现的条件是它的前级步为活动步，并且满足相应的转换条件，步 M0.1 变为活动步的条件是它的前级步 M0.0 为活动步，且两者之间的转换条件 I0.0 为 1。在起保停电路中，应将代表前级步的 M0.0 的常开触点和代表转换条件的 I0.0 的常开触点串联，作为控制 M0.1 的起动电路。

当 M0.1 和 T37 的常开触点均闭合时，步 M0.2 变为活动步，这时步 M0.1 应变为不活动步，因此可以将 M0.2 为 1 作为使存储器位 M0.1 变为 OFF 的条件，即将 M0.2 的常闭触点与 M0.1 的线圈串联。

上述的逻辑关系可以用逻辑代数式表示为：

$$M0.1=(M0.0 \cdot I0.0+M0.1) \cdot \overline{M0.2}$$

在这个例子中，可以用 T37 的常闭触点代替 M0.2 的常闭触点。但是当转换条件由多个信号经"与、或、非"逻辑运算组合而成时，需要将它的逻辑表达式求反，再将对应的触点串并联电路作为起保停电路的停止电路，这样不如使用后续步对应的常闭触点简单方便。

当控制 M0.0 的起保停电路的起动电路接通后，M0.0 的常闭触点使 M0.3 的线圈断电，在下一个扫描周期，因为后者的常开触点断开，使 M0.0 的起动电路断开，由此可知起保停电路的起动电路接通的时间只有一个扫描周期。因此必须使用有记忆功能的电路（如起保电路或置位/复位电路）来控制代表步的存储器位。

鼓风机和引风机起保停电路的顺序控制梯形图设计方法转化的梯形图如图 2-1-2（c）所示。以初始步 M0.0 为例，由顺序功能图可知，M0.3 是它的前级步，T38 的常开触点接通是两者之间的转换条件，所以应将 M0.3 和 T38 的常开触点串联，作为 M0.0 的起动电路。PLC 开始运行时应将 M0.0 置为 1，否则系统无法工作，故将仅在第一个扫描周期接通的 SM0.1 的常开触点与上述串联电路并联，起动电路还并联了 M0.0 的自保持触点。后续步 M0.1 的常闭触点与 M0.0 的线圈串联，M0.1 为 1 时 M0.0 的线圈"断电"，初始步变为不活动步。

顺序控制梯形图输出电路部分的处理方法。由于步是根据输出变量的状态变化来划分的，它们之间的关系极为简单，可以分以下几种情况来处理：

（1）输出量仅在某一步中为 ON，例如图 2-1-2 中的 Q0.1 就属于这种情况，可以将它的线圈与对应步的存储器位 M0.2 的线圈并联。

（2）输出在几步中都为 ON，应将代表各有关步的存储器位的常开触点并联后驱动该输出的线圈。图 2-1-2 中 Q0.0 在 M0.1～M0.3 这三步中均应工作，所以用 M0.1～M0.3 的常开触点组成的并联电路来驱动 Q0.0 的线圈。

（3）输出量在连续的若干步均为 1 状态，可以用置位、复位指令来控制。

【任务分析】

本任务的要点是：如何利用传感器实现料斗的进料、出料控制，在汽车装料控制中传送带的顺序起动和逆序停止控制。

1. 任务要求

（1）初始状态。红灯 HL1 灭绿灯 HL2 亮，表示允许汽车进入车位装料。进料阀，出料阀，电动机 M1、M2、M3 皆为 OFF。

（2）进料控制。料斗中的料不满时检测开关 S 为 OFF，5s 后进料阀打开，开始进料；当料满时，检测开关 S 为 ON，关闭进料阀，停止进料。

（3）装车控制。当汽车到达装车位置时，SQ1 为 ON，红灯 HL1 亮绿灯 HL2 灭，同时起动传送带电动机 M3，2s 后起动 M2，2s 后再起动 M1，再过 2s 后打开料斗出料阀，开始装料。当汽车装满料时，SQ2 为 ON，先关闭出料阀，2s 后 M1 停转，又过 2s 后 M2 停转，再过 2s 后 M3 停转，红灯 HL1 灭绿灯 HL2 亮。装车完毕，汽车开走。

（4）起停控制。按下起动按钮 SB1，系统起动；按下停止按钮 SB2，系统停止运行。

2. PLC 选型

根据控制系统的设计要求，考虑到系统的扩展和功能，可以选择继电器输出结构的 CPU224 小型 PLC 作为控制元件。

3. 输入/输出分配

自动送料装车系统控制的 I/O 地址分配表如表 2-1-1 所示。

表 2-1-1　自动送料装车系统控制的 I/O 地址分配表

输入信号			输出信号		
名称	功能	编号	名称	功能	编号
SB1	起动按钮	I0.0	M1	电动机	Q0.0
SQ1	位置开关	I0.1	M2	电动机	Q0.1
SQ2	位置开关	I0.2	M3	电动机	Q0.2
S	检测开关	I0.3	HL1	红灯	Q0.3
SB2	停止按钮	I0.4	HL2	绿灯	Q0.4
			YV1	进料阀	Q0.5
			YV2	出料阀	Q0.6

【任务实施】

1. 器材准备

完成本任务的实训安装、调试所需器材如表 2-1-2 所示。

表 2-1-2　自动送料装车控制模拟装置实训器材一览表

器材名称	数量
PLC 基本单元 CPU224（或更高类型）	1 个
计算机	1 台
自动送料装车控制模拟装置	1 个
红色按钮	1 个
绿色按钮	4 个
导线	若干
交、直流电源	1 套
电工工具及仪表	1 套

2. 硬件接线

依照 PLC 的 I/O 地址分配表，结合系统的控制要求，设自动送料装车控制装置中电动机、红灯、绿灯、进料阀、出料阀等采用直流 12V 电流供电，并且负载电流较小，可使 PLC 输出点直接驱动。自动送料装车控制装置硬件接线图如图 2-1-3 所示。

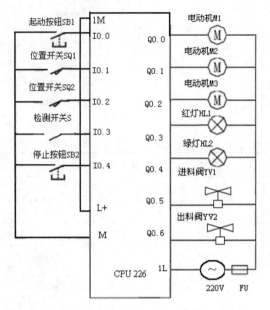

图 2-1-3   自动送料装车控制 PLC 的 I/O 接线图

3. 编写 PLC 控制程序

本程序由进料控制过程和装车控制过程组成。进料控制流程图和梯形图如图 2-1-4 所示。

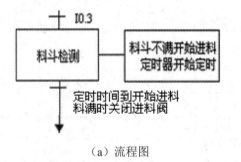

（a）流程图

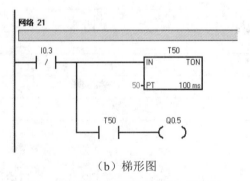

（b）梯形图

图 2-1-4   进料控制的流程图和梯形图

自动送料装车控制装置的流程图和梯形图如图 2-1-5 所示。

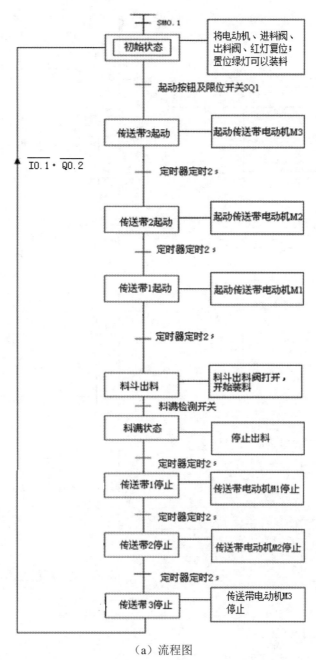

（a）流程图

图 2-1-5　自动送料装车控制装置的流程图和梯形图

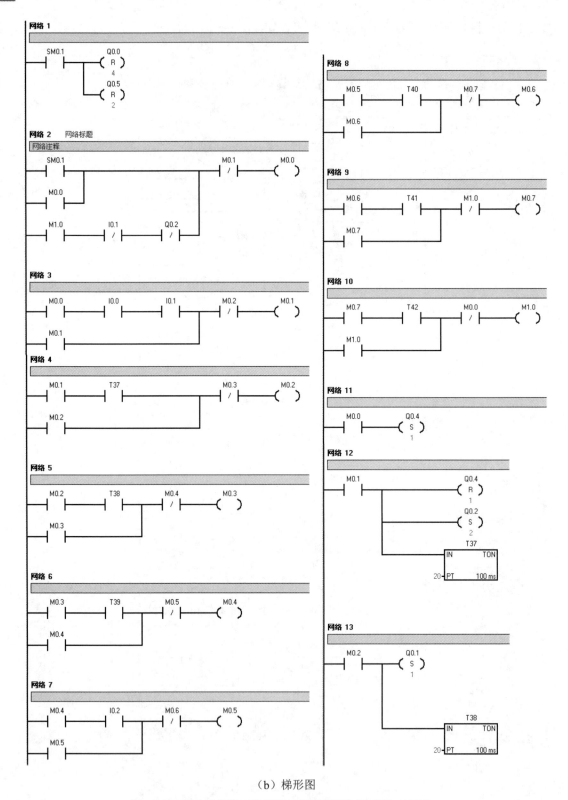

（b）梯形图

图 2-1-5　自动送料装车控制装置的流程图和梯形图（续图）

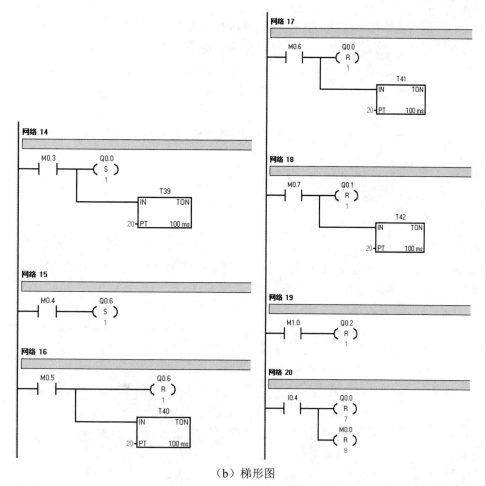

（b）梯形图

图 2-1-5　自动送料装车控制装置的流程图和梯形图（续图）

4. 系统调试

（1）程序输入。

在计算机上打开 S7-200 编程软件，选择相应 CPU 类型，建立自动送料装车系统的 PLC 控制项目，输入编写梯形图程序。

（2）模拟调试。

将输入完成的程序编译后导出为 awl 格式文本文件，在 S7-200 仿真软件中打开。按下电动机各输入控制按钮，观察程序仿真结果。如与任务要求不符，则结束仿真，对编程软件中程序进行分析修改，再重新导出文件，经仿真软件进一步调试，直到仿真结果符合任务要求。

（3）系统安装。

系统安装可在硬件设计完成后进行，可与软件、模拟调试同时进行。系统安装只需按照安装接线图进行即可，注意输入输出回路的电源接入。

（4）系统调试。

确定硬件接线、软件调试结果正确后合上 PLC 电源开关和输出回路电源开关，按下自动送料装车控制装置的起动按钮，观察 PLC 是否有输出、输出继电器 Q 的变化顺序是否正确、电动机运转是否正常。如果结果不符合要求，观察输入及输出回路是否接线错误。排除故障后重新送电，起动自动送料装车控制装置，再次观察运行结果或者计算机显示监控画面，直到符合要求为止。

（5）填写任务报告书。

如实填写任务报告书，分析设计过程中的经验，编写设计总结。

【知识拓展】

1. 选择序列与并行序列的编程方法

（1）选择序列的分支的编程方法。

图 2-1-6 中步 M0.0 之后有一个选择序列的分支，设 M0.0 为活动步，当它的后续步 M0.1 或 M0.2 变为活动步时，它都应变为不活动步，即 M0.0 变为 0 状态，所以应将 M0.1 和 M0.2 的常闭触点与 M0.0 的线圈串联。

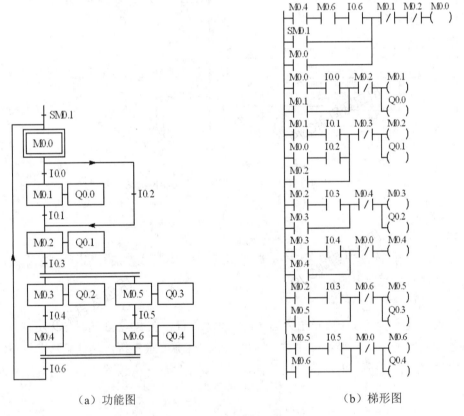

（a）功能图   （b）梯形图

图 2-1-6   选择序列与并行序列的顺序功能图和梯形图

如果某一步的后面有一个由 N 条分支组成的选择序列，该步可能转换到不同的 N 步去，则应将这 N 个后续步对应的存储器位的常闭触点与该步的线圈串联，作为结束该步的条件。

（2）选择序列的合并的编程方法。

图 2-1-6 中，步 M0.2 之前有一个选择序列的合并，当步 M0.1 为活动步（M0.1 为 1 状态），并且转换条件 I0.1 满足，或者步 M0.0 为活动步，并且转换条件 I0.2 满足时，步 M0.2 都应变为活动步，即控制代表该步的存储器位 M0.2 的起保停电路的起动条件应为 M0.1·I0.1+M0.0·I0.2，对应的起动电路由两条并联支路组成，每条支路分别由 M0.1、I0.1 或 M0.0、I0.2 的常开触点串联而成。

一般来说，对于选择序列的合并，如果某一步之前有 N 个转换，即有 N 条分支进入该步，则控制代表该步的存储器位的起保停电路的起动电路由 N 条支路并联而成，各支路由某一前级步对应的存储器位的常开触点与相应转换条件对应的触点或电路串联而成。

（3）并行序列的分支的编程方法。

图 2-1-6 中的步 M0.2 之后有一个并行序列的分支，当步 M0.2 是活动步并且转换条件 I0.3 满足时，步 M0.3 与步 M0.5 应同时变为活动步，这是用 M0.2 和 I0.3 的常开触点组成的串联电路分别作为 M0.3 和 M0.5 的起动电路来实现的，与此同时步 M0.2 应变为不活动步。步 M0.3 和 M0.5 是同时变为活动步的，只需要将 M0.3 或 M0.5 的常闭触点与 M0.2 的线圈串联即可。

（4）并行序列的合并的编程方法。

步 M0.0 之前有一个并行序列的合并，该转换实现的条件是所有的前级步（即步 M0.4 和 M0.6）都是活动步且转换条件 I0.6 满足。由此可知，应将 M0.4、M0.6 和 I0.6 的常开触点串联，作为控制 M0.0 的起保停电路的起动电路。

任何复杂的顺序功能图都是由单序列、选择序列和并行序列组成的，掌握了单序列的编程方法和选择序列、并行序列的分支与合并的编程方法，就不难迅速地设计出任意复杂的顺序功能图描述的数字量控制系统的梯形图。

2. 仅有两步的闭环的处理

如果在顺序功能图中有仅由两步组成的小闭环（如图 2-1-7 所示），则用起保停电路设计的梯形图不能正常工作。例如 M0.2 和 I0.2 均为 1 时，M0.3 的起动电路接通，但是这时与 M0.3 的线圈串联的 M0.2 常闭触点却是断开的，所以 M0.3 的线圈不能"通电"。出现上述问题的根本原因在于步 M0.2 既是步 M0.3 的前级步又是它的后续步。

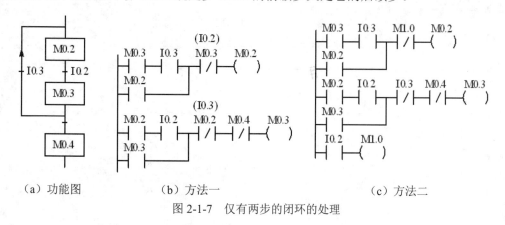

（a）功能图　　　　（b）方法一　　　　（c）方法二

图 2-1-7　仅有两步的闭环的处理

如果用转换条件 I0.2 和 I0.3 的常闭触点分别代替后续步 M0.3 和 M0.2 的常闭触点（如图 2-1-7（b）所示），将引发另一个问题。假设步 M0.2 为活动步时 I0.2 变为 1 状态，执行修改后的图 2-1-7（b）中的第 1 个起保停电路时，因为 I0.2 为 1 状态，它的常闭触点断开，使 M0.2 的线圈断电，M0.2 的常开触点断开，使控制 M0.3 的起保停电路的起动电路开路，因此不能转换到步 M0.3。

为了解决这一问题，增设了一个受 I0.2 控制的中间元件 M1.0（如图 2-1-7（c）所示），用 M1.0 的常闭触点取代图 2-1-7（b）中 I0.2 的常闭触点。如果 M0.2 为活动步时 I0.2 变为 1 状态，执行图 2-1-7（c）中的第 1 个起保停电路时 M1.0 尚为 0 状态，它的常闭触点闭合，M0.2 的线圈通电，保证了控制 M0.3 的起保停电路的起动电路接通，使 M0.3 的线圈通电。执行完图 2-1-7（c）中最后一行的电路后，M1.0 变为 1 状态，在下一个扫描周期使 M0.2 的线圈断电。

【思考与练习】

设某工件加工过程分为四道工序完成，共需 30s，其时序要求如图 2-1-8 所示，I0.0 为运行控制开关，I0.0=ON 时起动和运行，I0.0=OFF 时停机。试编写该工件的加工程序。

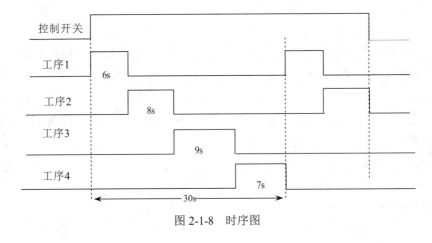

图 2-1-8   时序图

【重点记录】

_____

_____

_____

_____

项目 2　设计调试全自动洗衣机 PLC 控制系统

【任务描述】

全自动洗衣机是指洗涤、漂洗、脱水各个功能之间的转换不用手工操作，自动进行的洗衣机。这种洗衣机在选定工作程序后，由程序控制器适时发出指令，自动完成各个执行机构的动作，使整个洗衣过程自动化。

全自动洗衣机的外形结构示意图如图 2-2-1 所示。

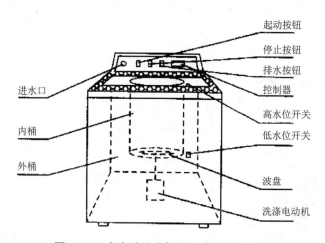

图 2-2-1　全自动洗衣机外形结构示意图

波轮上开门式全自动洗衣机的洗衣桶（外桶）和脱水桶（内桶）是以同一中心安放的。外桶固定，作盛水用。内桶可以旋转，作脱水（甩干）用。内桶的四周有很多小孔，使内、外桶的水流相通。

这种洗衣机的进水和排水分别由进水电磁阀和排水电磁阀来执行。进水时，通过电控系统使进水阀打开，经进水管将水注入到外桶。排水时，通过电控系统使排水阀打开，将水由外桶排到机外。洗涤正转、反转由洗涤电动机驱动波盘正、反转来实现，此时脱水桶并不旋转。脱水时，通过电控系统将离合器合上，由洗涤电动机带动内桶正转进行甩干。高、低水位开关分别用来检测高、低水位，起动按钮用来起动洗衣机工作，停止按钮用来实现手动停止进水、排水、脱水及报警，排水按钮用来实现手动排水。

【任务资讯】

在顺序功能图中，如果某一转换的前级步是活动步并且满足相应的转换条件，则实现转换。即与有向连线和转换条件相连的后续步变为活动步，而与其相连的前级步变为不活动步。在以转换为中心的编程方法中，需要将该转换所有前级步所对应 M 存储器位的常开触点和转换条件的触点串联，用它使所有后续步对应的 M 存储器位置位（用 S 指令），同时使前级步对应的 M 存储器位复位（用 R 指令）。与步对应的动作则可以用 M 存储器位的常开触点来驱动。

这种设计方法特别有规律，每一个转换都对应一个这样控制置位和复位的电路块，有多少个转换就有多少个这样的电路块，在设计复杂的顺序控制梯形图时容易掌握且不容易出错。

以某剪板机（如图 2-2-2 所示）为例，开始时压钳和剪刀在上限位置，限位开关 I0.0 和 I0.1 为 ON。按下起动按钮 I1.0，工作过程如下：板料右行（Q0.0 为 ON）至限位开关 I0.3 停止动作，压紧板料后，压力继电器 I0.4 为 ON，压钳保持压紧，剪刀下行（Q0.2 为 ON）。剪断板料后，I0.2 为 ON，压钳和剪刀同时上行（Q0.3 和 Q0.4 为 ON，Q0.1 和 Q0.2 为 OFF），它们分别碰到限位开关 I0.0 和 I0.1 后停止上行，都停止后，又开始下一个周期的工作。剪完 5 块料后停止工作并停在初始状态。

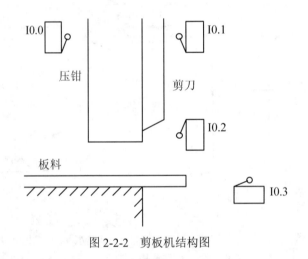

图 2-2-2　剪板机结构图

剪板机系统的顺序功能图如图 2-2-3 所示。图中有单序列、选择序列、并行序列的分支与合并。步 M0.0 是初始步；自步 M0.1 至步 M0.3 是单序列，完成板料右行、压紧板料、剪料的动作；步 M0.4、M0.6 是并行序列的分支，步 M0.5、M0.7 是并行序列的合并，完成压钳和剪刀上升的动作。并行序列合并后，由计数器 C0 的状态完成至步 M0.0 或 M0.1 的选择，是选择序列。加计数器 C0 对剪料的次数进行累加，每完成一次剪料，C0 的当前值加 1。没有剪完 5 块料时，C0 的当前值小于预设值 5，其常闭触点闭合，满足转换条件 $\overline{C0}$，返回步 M0.1 开始下一个周期的工作；剪完 5 块料后，C0 的当前值等于预设值 5，其常开触点闭合，满足转换条件，返回初始步 M0.0，等待下一次起动命令。

剪板机的梯形图如图 2-2-4 所示。

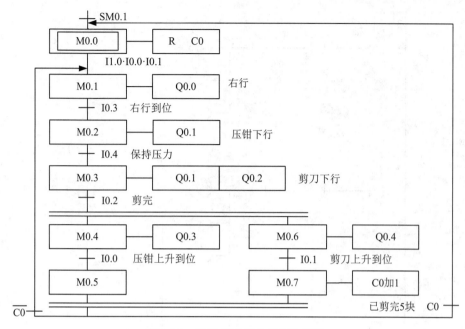

图 2-2-3　剪板机系统的顺序功能图

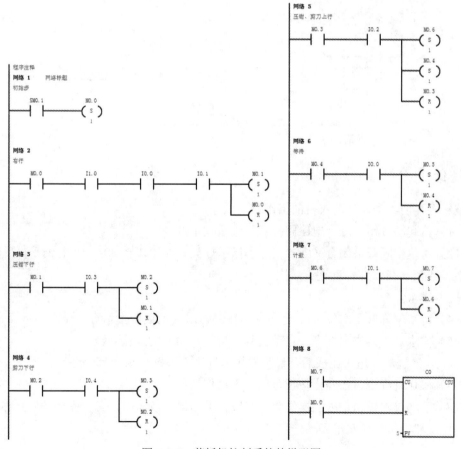

图 2-2-4　剪板机控制系统的梯形图

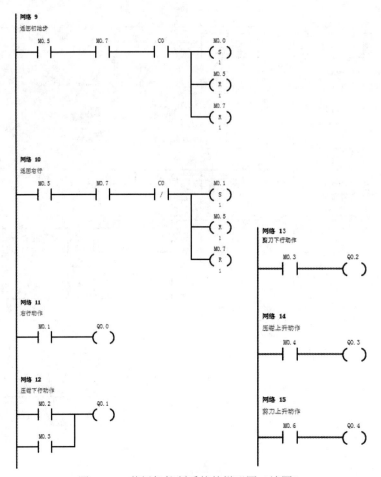

图 2-2-4　剪板机控制系统的梯形图（续图）

【任务分析】

波轮上开门式全自动洗衣机的工作方式如下：

（1）按起动按钮，进水电磁阀打开，进水指示灯亮。

（2）水位上限开关闭合（ON），进水指示灯灭，搅轮正转 40s，停止 2s，再反转 40s，停止 2s。正反转指示灯轮流亮灭 4 次。

（3）排水灯亮。

（4）待水位降低于水位下限开关时（OFF），甩干桶运转指示灯与排水指示灯亮几秒。

（5）排水灯灭，进水灯亮，自动重复（1）～（4）的过程 4 次。

（6）4 次洗涤、甩干完成后，蜂鸣器指示灯亮 5 秒钟后灭，整个过程结束。

（7）操作过程中，按停止按钮可以结束动作过程。

（8）手动排水按钮是独立操作命令，按下手动排水按钮时，必须先要按停止按钮结束前述动作，然后执行排水甩干动作。

1. PLC选型

根据控制系统的设计要求，考虑到系统的扩展和功能，可以选择继电器输出结构的CPU224（或更高类型）小型PLC作为控制元件。

2. 输入/输出分配

结合设计要求和PLC型号，系统的I/O地址分配表如表2-2-1所示。

表2-2-1 全自动洗衣机PLC控制的I/O地址分配表

输入信号			输出信号		
名称	功能	编号	名称	功能	编号
SB1	起动按钮	I0.0	YV1	进水电磁阀	Q0.0
SB2	停止按钮	I0.1	YV2	排水电磁阀	Q0.1
SQ1	水位上限开关	I0.2	KM1	电机正转接触器	Q0.2
SQ2	水位下限开关	I0.3	KM2	电机反转接触器	Q0.3
SB3	手动排水按钮	I0.4	YC	甩干桶离合器	Q0.4
			HA	蜂鸣器	Q0.5

3. 硬件设计

依照PLC的I/O地址分配表，结合系统的控制要求，设洗衣机当中电磁阀、指示灯等采用直流12V电流供电，并且负载电流较小，可由PLC输出点直接驱动，PLC控制电气接线图如图2-2-5所示。

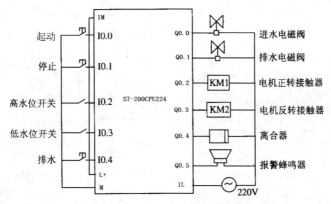

图2-2-5 洗衣机PLC控制电气I/O接线图

4. 编写PLC控制程序

洗衣机控制的流程图和梯形图如图2-2-6所示。

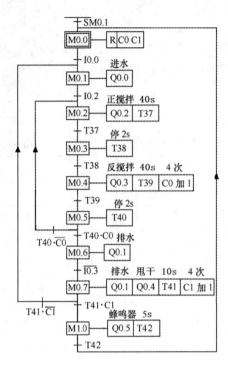

（a）流程图

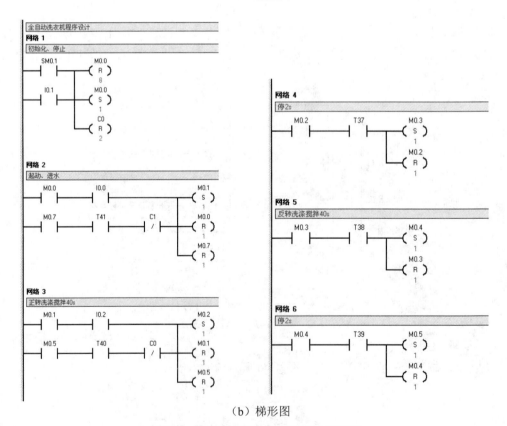

（b）梯形图

图 2-2-6　洗衣机控制的流程图和梯形图

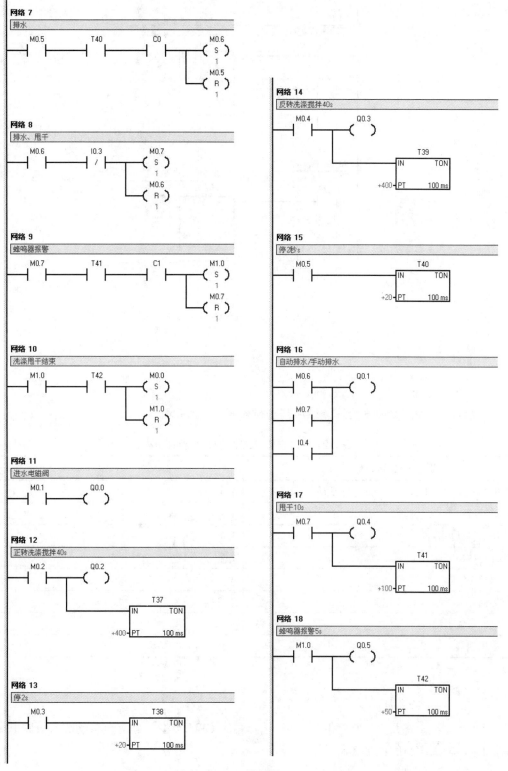

（b）.梯形图

图 2-2-6 洗衣机控制的流程图和梯形图（续图）

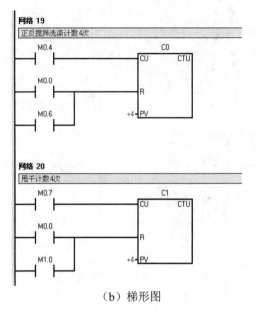

（b）梯形图

图 2-2-6　洗衣机控制的流程图和梯形图（续图）

【任务实施】

1. 器材准备

完成本任务的实训安装、调试所需器材如表 2-2-2 所示。

表 2-2-2　洗衣机 PLC 控制实训器材一览表

器材名称	数量
PLC 基本单元 CPU224（或更高类型）	1 个
计算机	1 台
洗衣机模拟装置	1 个
红色按钮	1 个
绿色按钮	4 个
导线	若干
交、直流电源	1 套
电工工具及仪表	1 套

2. 实施步骤

（1）程序输入。

在计算机上打开 S7-200 编程软件，选择相应 CPU 类型，建立全自动洗衣机的 PLC 控制项目，输入编写的梯形图程序。

（2）模拟调试。

将输入完成的程序编译后导出为 awl 格式文本文件，在 S7-200 仿真软件中打开。按下电动机各输入控制按钮，观察程序仿真结果。如与任务要求不符，则结束仿真，对编程软件中的程序进行分析修改，再重新导出文件，经仿真软件进一步调试，直到仿真结果符合任务要求。

（3）系统安装。

系统安装可在硬件设计完成后进行，可与软件、模拟调试同时进行。系统安装只需按照安装接线图进行即可，注意输入输出回路的电源接入。

（4）系统调试。

确定硬件接线、软件调试结果正确后合上PLC电源开关和输出回路电源开关，按下洗衣机启动按钮，观察PLC是否有输出、输出继电器Q的变化顺序是否正确、电动机运转是否正常。如果结果不符合要求，观察输入及输出回路是否接线错误。排除故障后重新送电，启动洗衣机，再次观察运行结果或者计算机显示监控画面，直到符合要求为止。

（5）填写任务报告书。

如实填写任务报告书，分析设计过程中的经验，编写设计总结。

【思考与练习】

设计某风机监控PLC系统。某设备有三台风机，现采用一个指示灯指示三台风机的四种状态：正常、一级报警、严重报警、设备停止。其工作过程为：当设备处于运行状态时，如果有两台以上风机工作，指示灯常亮，指示"正常"；如果仅有一台风机工作，指示灯以0.5Hz的频率闪烁，指示"一级报警"；如果没有风机工作了，指示灯以2Hz的频率闪烁，指示"严重报警"；当设备不转时，指示灯不亮表示"设备停止"。

【重点记录】

_____

_____

_____

_____

项目 3 设计调试液体混合 PLC 控制系统

【任务描述】

在工业控制或建筑生产中，需要准确地按比例进行配料，液体自动混合装置应运而生，本次任务实现三种液体混合的自动控制。

【任务资讯】

20 世纪 80 年代初，法国设计人员提出了可编程序控制器设计的 Grafacet 法。Grafacet 法是专用于工业顺序控制程序设计的一种功能说明语言。1994 年 5 月，顺序功能图被 IEC（国际电工委员会）确定为 PLC 位居首位的编程语言。

顺序功能图（SFC）又称功能流程图或功能图，它是按照顺序控制的思想，根据控制过程的输出量的状态变化，将一个工作周期划分为若干顺序相连的步，在任何一个步内各输出量 ON/OFF 状态不变，但是相邻两步输出量的状态是不同的。将程序的执行分成各个程序步，通常用顺序控制继电器（SCR）的位 S0.0～S31.7 代表程序的状态步。

1. 顺序控制指令的形式

LSCR S_bit：装载顺序控制继电器（Load Sequence Contorl Relay）指令，用来表示一个 SCR（即步）的开始。指令中的操作数 S_bit 为顺序控制继电器的地址，顺序控制继电器为 1 时执行对应的 SCR 段中的程序，反之则不执行。SCR 指令直接连接到左侧母线上，如图 2-3-1（a）所示。

SCRT S_bit：顺序控制继电器转换（Sequence Contorl Relay Transition）指令，用来表示 SCR 段之间的转换，即活动状态的转换。当 SCRT 线圈"通电"时，SCRT 指令中指定的顺序功能图中的后续步对应的顺序控制继电器变为状态 1，同时当前活动步对应的顺序控制继电器被系统复位为状态 0，当前步变为非活动步，如图 2-3-1（b）所示。

SCRE：顺序控制继电器结束（Sequence Contorl Relay End）指令，用来表示 SCR 段的结束，如图 2-3-1（c）所示。

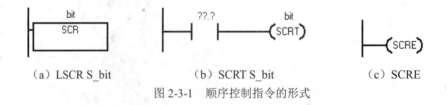

（a）LSCR S_bit   （b）SCRT S_bit   （c）SCRE

图 2-3-1 顺序控制指令的形式

2. 顺序控制功能图的三要素

顺序控制段：从 LSCR 指令开始到 SCRE 指令结束的所有指令组成一个顺序控制段，

对应功能图中的一步。

特点：LSCR 指令标记一个 SCR 步的开始，当该步的状态继电器 S 置位时，允许该 SCR 步工作。SCR 步必须用 SCRE 指令结束。当 SCRT 指令的输入端有效时，一方面置位下一个 SCR 步的状态继电器 S，以便使下一个 SCR 步工作；另一方面又同时使该步的状态继电器复位，使该步停止工作。如图 2-3-2（a）为冲压机工作顺序图，每一个 SCR 程序步一般都由三个要素构成：

（1）驱动处理：在本状态下做什么。在图 2-3-2（b）中，在 S0.1 状态下驱动 Q0.0，在 S0.2 状态下驱动 Q0.1。状态后的驱动指令可以使用 "=" 指令，也可以使用 S 置位指令，区别是使用 "=" 指令时驱动的负载在本状态后自动关闭，而使用 S 指令驱动的输出可以保持，直到在程序中的其他位置使用了 R 复位指令使其复位。在顺序控制功能图中适当地使用 S 指令可以简化某些状态的输出。

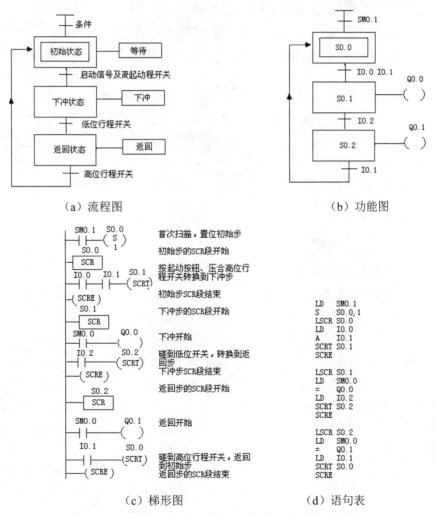

（a）流程图　　　　　　　　　　　　（b）功能图

（c）梯形图　　　　　　　（d）语句表

图 2-3-2　冲压机工作的流程图、功能图、梯形图和语句表

（2）指定转移条件：在顺序功能图中，相邻的两个状态之间实现转移必须满足一定的

条件。在图 2-3-2（b）中，当 I0.2 接通时，系统从 S0.1 转移到 S0.2。

（3）转移源自动复位功能：步发生转移后，使下一个步 S0.2 变为活动步的同时自动复位原步 S0.1。

3. 顺序控制功能图编程的注意事项

（1）不能用在步进顺序控制程序中时，状态继电器 S 可作为普通辅助继电器 M 在程序中使用，各状态继电器的动合、动断触点在梯形图中可以自由使用，次数不限。

（2）SCR 段程序能否执行取决于该步（S）是否被置位，SCRE 与下一个 LSCR 之间的指令逻辑不影响下一个 SCR 段程序的执行。

（3）不能把同一个 S 位用于不同的程序中，例如如果在主程序中用了 S0.1，则在子程序中就不能再使用它。

（4）在 SCR 段中不能使用 JMP 和 LBL 指令，也就是说不允许跳入、跳出或在内部跳转，但可以在 SCR 段附近使用跳转和标号指令。

（5）在 SCR 段中不能使用 FOR、NEXT、END 指令。

（6）在步发生转移后，所有 SCR 段的元器件一般也要复位，如果希望继续输出，可以使用置位/复位指令。

（7）在使用功能图时，状态继电器的编号可以不按顺序安排。

4. 使用 SCR 指令的顺序控制梯形图编程方法

使用 SCR 指令的顺序控制功能图的编程方法与起保停电路、以转换为中心的顺序控制编程一样，也是单序列、选择序列和并行序列三种编程方法。图 2-3-2（b）所示就是单序列的 SCR 指令顺序控制功能图。选择序列和并行序列的顺序控制功能图则不再赘述。

【任务分析】

1. 任务要求

三种液体混合的自动控制要求如下：

如图 2-3-3 所示，初始状态容器为空，电磁阀 Y1、Y2、Y3、Y4 和搅拌机 M 关断，液面传感器 L1、L2、L3 均为 OFF。

按下起动按钮，电磁阀 Y1、Y2 打开，注入液体 A 与 B，液面高度为 L2 时（此时 L2 和 L3 均为 ON）停止注入（Y1、Y2 为 OFF），同时开启液体 C 的电磁阀 Y3（Y3 为 ON），注入液体 C，当液面升至 L1 时（L1 为 ON）停止注入（Y3 为 OFF）。开启搅拌机 M 搅拌和电炉 H 加热，搅拌时间和加热时间均为 5s。之后电磁阀 Y4 开启，排出液体，当液面下降到 L3（L3 为 OFF）时再延时 8s，Y4 关闭。按起动按钮可以重新开始工作。

2. PLC 选型

根据控制系统的设计要求，考虑到系统的扩展和功能，可以选择继电器输出结构的 CPU224 小型 PLC 作为控制元件。

3. 输入/输出分配

液体自动混合控制的 I/O 地址分配表如表 2-3-1 所示。

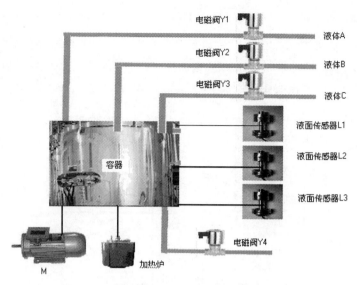

图 2-3-3　液体自动混合控制系统外形结构简图

表 2-3-1　液体自动混合控制的 I/O 地址分配表

输入信号			输出信号		
名称	功能	编号	名称	功能	编号
SB1	起动按钮	I0.0	Y1	A 液体电磁阀	Q0.0
L1	液位传感器	I0.1	Y2	B 液体电磁阀	Q0.1
L2	液位传感器	I0.2	Y3	C 液体电磁阀	Q0.2
L3	液位传感器	I0.3	Y4	排泄阀	Q0.3
			M	搅拌电动机	Q0.4
			H	加热电炉	Q0.5

【任务实施】

1. 器材准备

完成本任务的实训安装、调试所需器材如表 2-3-2 所示。

表 2-3-2　多种液体自动混合模拟装置实训器材一览表

器材名称	数量
PLC 基本单元 CPU224（或更高类型）	1 个
计算机	1 台
多种液体自动混合模拟装置	1 个
绿色按钮/液位传感器	1 个/3 个
导线	若干
交、直流电源	1 套
电工工具及仪表	1 套

2. 硬件设计

依照 PLC 的 I/O 地址分配表，结合系统的控制要求，设多种液体自动混合控制装置中电磁阀、搅拌机、加热炉等采用直流 12V 电流供电，并且负载电流较小，可使 PLC 输出点直接驱动，PLC 控制电气接线图如图 2-3-4 所示。

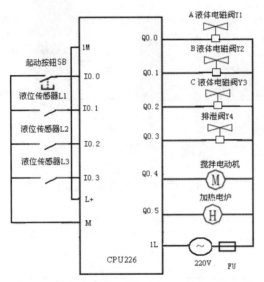

图 2-3-4   液体自动混合控制 PLC 的 I/O 接线图

3. 编写 PLC 程序

多种液体自动混合控制的流程图和功能图如图 2-3-5 所示，梯形图如图 2-3-6 所示。

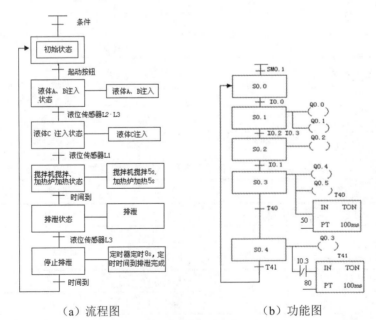

（a）流程图   （b）功能图

图 2-3-5   多种液体自动混合控制的流程图和功能图

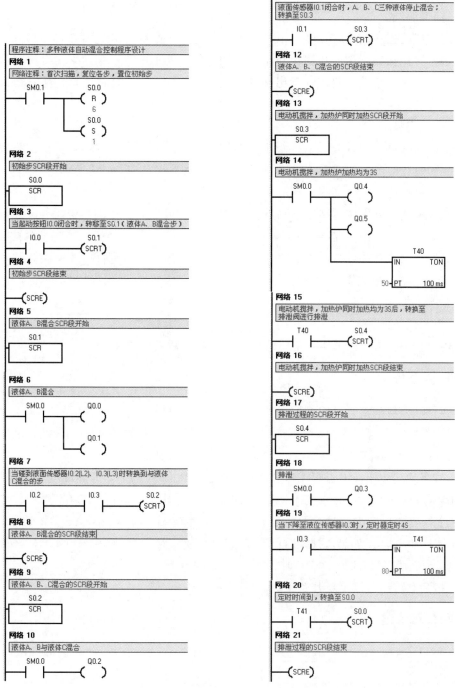

图 2-3-6 多种液体自动混合控制的梯形图

4. 系统调试

（1）程序输入。

在计算机上打开 S7-200 编程软件，选择相应 CPU 类型，建立多种液体自动混合 PLC

控制项目，输入梯形图程序。

（2）模拟调试。

将输入完成的程序编译后导出为 awl 格式文本文件，在 S7-200 仿真软件中打开。按下电动机各输入控制按钮，观察程序仿真结果。如与任务要求不符，则结束仿真，对编程软件中的程序进行分析修改，再重新导出文件，经仿真软件进一步调试，直到仿真结果符合任务要求。

（3）系统安装。

系统安装可在硬件设计完成后进行，可与软件、模拟调试同时进行。系统安装只需按照安装接线图进行即可，注意输入输出回路的电源接入。

（4）系统调试。

确定硬件接线、软件调试结果正确后合上 PLC 电源开关和输出回路电源开关，按下多种液体自动混合起动按钮，观察 PLC 是否有输出、输出继电器 Q 的变化顺序是否正确、电动机运转是否正常。如果结果不符合要求，观察输入及输出回路是否接线错误。排除故障后重新送电，起动多种液体自动混合装置，再次观察运行结果或者计算机显示监控画面，直到符合要求为止。

（5）填写任务报告书。

如实填写任务报告书，分析设计过程中的经验，编写设计总结。

【思考与练习】

设计四种液体自动混合，控制要求如下：

（1）初始状态，容器为空，电磁阀 Y1、Y2、Y3、Y4 和搅拌机 M 为关断，液面传感器 L1、L2、L3 均为 OFF。

（2）按下起动按钮，电磁阀 Y1、Y2 打开，注入液体 A 与 B，液面高度为 L2 时（此时 L2 和 L3 均为 ON）停止注入（Y1、Y2 为 OFF），同时开启液体 C 和 D 的电磁阀 Y3（Y3 为 ON），注入液体 C 和 D，当液面升至 L1 时（L1 为 ON）停止注入（Y3 为 OFF）。开启搅拌机 M 搅拌和电炉 H 加热，搅拌时间和加热时间均为 5s。之后电磁阀 Y4 开启，排出液体，当液面下降到 L3（L3 为 OFF）时再延时 8s，Y4 关闭。

（3）按启动按钮可以重新开始工作。

【重点记录】

_____

_____

_____

_____

项目 4　设计调试十字路口交通灯 PLC 控制系统

【任务描述】

图 2-4-1 所示是城市十字路口交通灯示意图，在十字路口的东西南北方向装设红、绿、黄灯，它们按照一定时序轮流发亮。

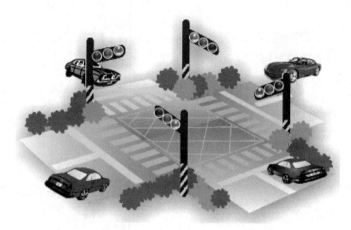

图 2-4-1　十字路口交通灯示意图

【任务资讯】

在 PLC 发展的初期，沿用了设计继电器电路图的方法来设计比较简单的 PLC 梯形图，即在一些典型电路的基础上，根据被控对象对控制系统的具体要求不断地修改和完善梯形图。有时需要多次反复地调试和修改梯形图，增加一些中间编程元件和触点，最后才能得到一个较为满意的结果。这种 PLC 梯形图的设计方法没有普遍的规律可以遵循，具有很大的试探性和随意性，最后的结果不是唯一的，设计所用的时间、设计的质量与设计者的经验有很大的关系，所以有人把这种设计方法叫做经验设计法，它可以用于较简单的梯形图（如手动程序）的设计。经验设计法具有设计速度快等优点，但在任务变得复杂时难免会出现设计漏洞。

交通灯按照一定的顺序交替变化，所以利用并行序列的顺序控制编写程序比较清晰明了，容易理解。

当条件满足后，程序将同时转移到多个分支程序，执行多个流程，这种程序称为并行序列程序。并行序列的顺序功能图、梯形图和语句表如图 2-4-2 所示。

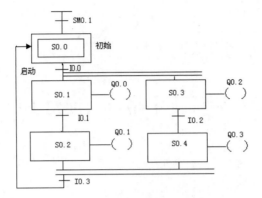

（a）顺序功能图

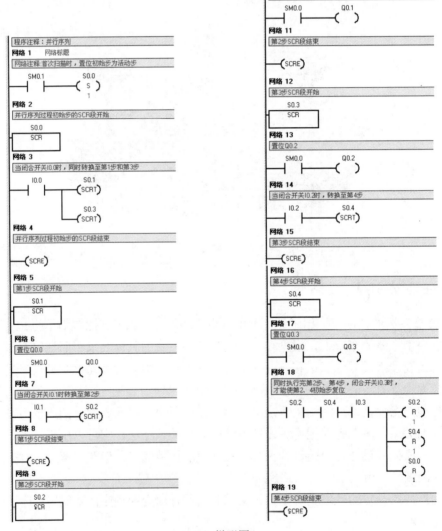

（b）梯形图

图 2-4-2　并行序列的顺序功能图、梯形图和语句表

```
程序注释：并行序列

网络1  网络标题
网络注释：首次扫描时，置位初始步为活动步
LD    SM0.1
S     S0.0, 1

网络2
并行序列过程初始步的SCR段开始
LSCR  S0.0
网络3
当闭合开关I0.0时，同时转换至第1步和第3步
LD    I0.0
SCRT  S0.1
SCRT  S0.3
网络4
并行序列过程初始步的SCR段结束
SCRE

网络5
第1步SCR段开始
LSCR  S0.1

网络6
置位Q0.0
LD    SM0.0
=     Q0.0

网络7
当闭合开关I0.1时转换至第2步
LD    I0.1
SCRT  S0.2

网络8
第1步SCR段结束
SCRE

网络9
第2步SCR段开始
LSCR  S0.2

网络10
置位Q0.1
LD    SM0.0
=     Q0.1

网络11
第2步SCR段结束
SCRE
```

```
网络12
第3步SCR段开始
LSCR  S0.3

网络13
置位Q0.2
LD    SM0.0
=     Q0.2

网络14
当闭合开关I0.2时，转换至第4步
LD    I0.2
SCRT  S0.4

网络15
第3步SCR段结束
SCRE

网络16
第4步SCR段开始
LSCR  S0.4

网络17
置位Q0.3
LD    SM0.0
=     Q0.3

网络18
同时执行完第2步、第4步，闭合开关I0.3时，
才能使第2、4初始步复位
LD    S0.2
A     S0.4
A     I0.3
R     S0.2, 1
R     S0.4, 1
R     S0.0, 1

网络19
第4步SCR段结束
SCRE
```

（c）语句表

图 2-4-2 并行序列的顺序功能图、梯形图和语句表（续图）

【任务分析】

1. 任务要求

（1）合上开关 QS 时，交通灯系统开始工作，红灯、绿灯、黄灯按一定时序轮流发亮。

（2）十字路口交通灯变化时序图如图 2-4-3 所示。东西绿灯亮 25s 后闪 3s，黄灯亮 2s，红灯亮 30s，绿灯亮 25s……如此循环。

（3）东西绿灯、黄灯亮时，南北红灯亮 30s；东西红灯亮时，南北绿灯亮 25s 后闪 3s 灭，黄灯亮 2s，依此循环。

（4）断开开关时，系统完成当前周期后熄灭所有灯。

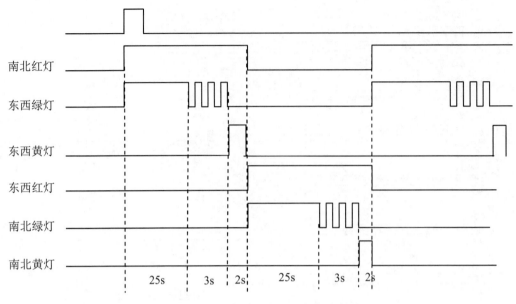

图 2-4-3　十字路口交通灯变化时序图

2. PLC 选型

根据控制系统的设计要求，可以选择继电器输出结构的西门子 CPU226（或更高类型）小型 PLC。

3. 输入/输出分配

根据交通灯的控制要求，该系统有 1 个起动开关和 1 个停止开关，共 2 个输入点、12 盏灯，东西方向、南北方向的同一组灯可以共有 1 个点驱动，故只用 6 个输出即可。所以交通灯的输入输出信号与 PLC 地址编号对照表如表 2-4-1 所示。

表 2-4-1　十字路口交通灯控制 I/O 地址分配表

输入信号			输出信号		
名称	功能	编号	名称	功能	编号
SB1	起动/停止开关	I0.0	HL1	东西绿灯	Q0.0
			HL2	东西黄灯	Q0.1
			HL3	东西红灯	Q0.2
			HL4	南北绿灯	Q0.3
			HL5	南北黄灯	Q0.4
			HL6	南北红灯	Q0.5

【任务实施】

1. 器材准备

完成本任务的实训安装、调试所需器材如表 2-4-2 所示。

表 2-4-2   多种液体自动混合模拟装置实训器材一览表

器材名称	数量
PLC 基本单元 CPU224（或更高类型）	1 个
计算机	1 台
十字路口交通灯模拟装置	1 个
导线	若干
交、直流电源	1 套
电工工具及仪表	1 套

2. 硬件接线

依据 PLC 的 I/O 地址分配表，结合系统的控制要求，十字路口交通灯控制电气接线图如图 2-4-4 所示。

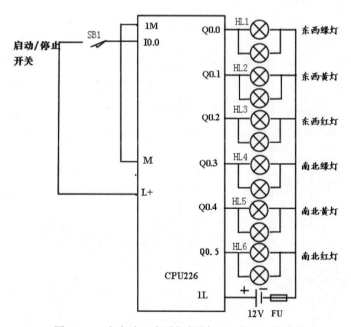

图 2-4-4   十字路口交通灯控制 PLC 的 I/O 接线图

3. 编写 PLC 控制程序

十字路口交通灯控制的顺序控制功能图如图 2-4-5 所示，梯形图如图 2-4-6 所示。

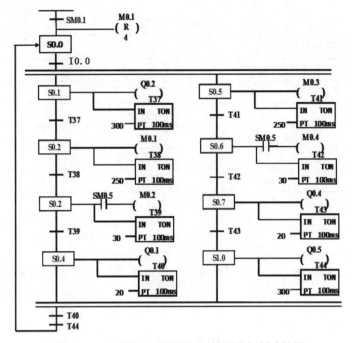

图 2-4-5　十字路口交通灯控制的顺序控制功能图

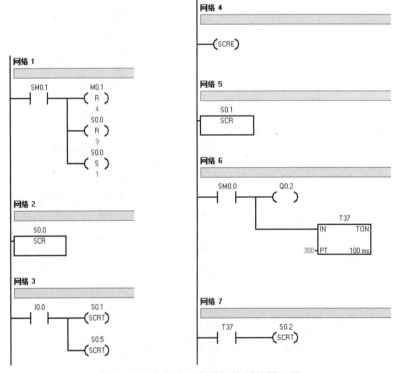

图 2-4-6　十字路口交通灯控制的梯形图

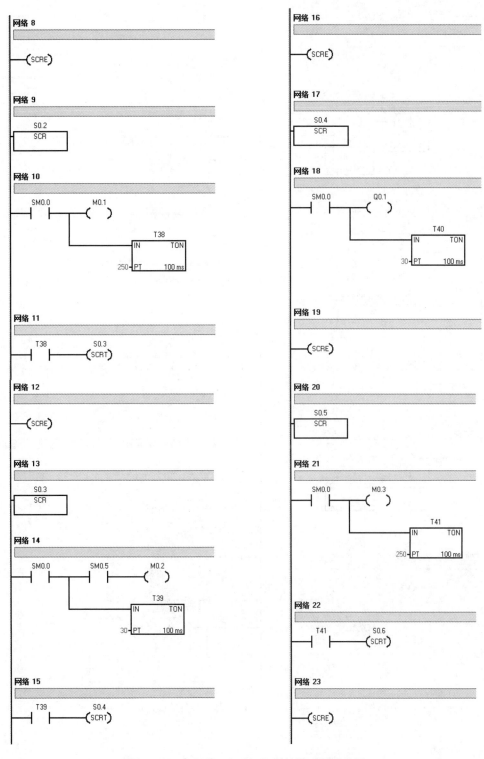

图 2-4-6　十字路口交通灯控制的梯形图（续图）

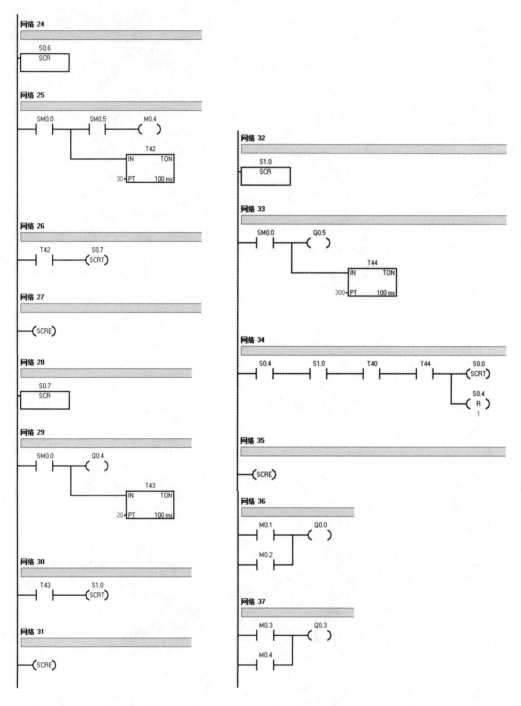

图 2-4-6　十字路口交通灯控制的梯形图（续图）

4．系统调试

（1）程序输入。

在计算机上打开 S7-200 编程软件，选择相应 CPU 类型，建立十字路口交通灯的 PLC

控制项目，输入编写的梯形图程序。

（2）模拟调试。

将输入完成的程序编译后导出为 awl 格式文本文件，在 S7-200 仿真软件中打开。按下输入控制按钮，观察程序仿真结果。如与任务要求不符，则结束仿真，对编程软件中的程序进行分析修改，再重新导出文件，经仿真软件进一步调试，直到结果符合任务要求。

（3）系统安装。

系统安装可在硬件设计完成后进行，可与软件、模拟调试同时进行。系统安装只需按照安装接线图进行即可，注意输入输出回路的电源接入。

（4）系统调试。

确定硬件接线、软件调试结果正确后，合上 PLC 电源开关和输出回路电源开关，按下交通灯起动按钮，观察 PLC 是否有输出、输出继电器 Q 的变化顺序是否正确、交通灯是否正常。如果结果不符合要求，观察输入及输出回路是否接线错误。排除故障后重新送电，起动交通灯，再次观察运行结果或者计算机显示监控画面，直到符合要求为止。

（5）填写任务报告书。

如实填写任务报告书，分析设计过程中的经验，编写设计总结。

【知识拓展】

用 PLC 内部寄存器（M 或 S）的状态位表示工作流程图（功能图），将其转换为 PLC 可执行的程序。编写梯形图程序的常用方法有以下几种：

- 采用专用顺序控制继电器指令编写程序。
- 采用移位指令编写程序。
- 采用置位/复位指令编写程序。
- 采用触点及线圈指令编写程序。
- 采用跳转、调用子程序等控制指令实现工作方式选择等控制。

例如某组合机床由动力头、液压滑台及液压夹紧装置组成。控制要求为：机床工作时，首先起动液压及主轴电动机。机床具有半自动和手动调整两种工作方式，由 SA 方式选择开关选择。SA 接通时为调整方式，SA 断开时为半自动方式。

半自动工作方式时，其工作过程为：按下夹紧按钮 SB1，待工件夹紧后压力继电器 SP 动作，使滑台快进，快进过程中压下液压行程阀后转工进，加工结束压下行程开关 SQ2 转快退，快退至原位压下 SQ1，自动松开工件，一个工作循环结束。其工作循环图如图 2-4-7 所示，元件动作表如表 2-4-3 所示。

手动调整工作方式时，用四个点动按钮分别单独点动滑台的前进和后退及夹具的夹紧与放松。

下面是多种实现方法的对比。

1. 绘制流程图

用起动脉冲 P 激活预备状态后，通过方式选择开关 SA 建立半自动和手动调整两个选择序列。当选择开关 SA 断开时，通过它的动断触点进入半自动工作方式，按下夹紧按钮 SB1，系统开始工作，并按夹紧→快进→工进→快退→放松的步骤自动顺序进行，当最后工步完成后，自动返回至预备状态，以确保下一次自动工作的起动。当选择开关 SA 闭合时，通过选择开关的动合触点激活手动调整方式，此方式激活后，按下任一按钮均可开启相应的调整工步并自锁，直到后续工步开启才能关断，而后续工步的开启条件是调整按钮动断触点的复位，由此可见，用调整按钮的动断、动合接点分别作为调整工步起动、停止的转换条件就可以达到手动调整的目的，而且调整结束后都开启了预备步，保证了后续工步的顺利进行。对应的流程图如图 2-4-8 所示。

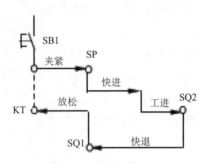

图 2-4-7   液压滑台工作循环图

表 2-4-3   液压滑台元件动作表

	YV1	YV2	YV3	YV4
夹紧	+	—	—	—
前进	—	+	—	—
后退	—	—	+	—
放松	—	—	—	+

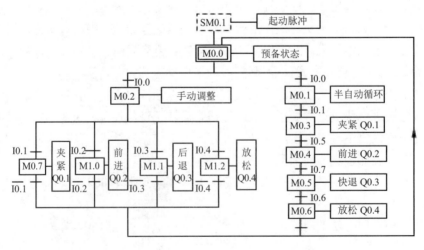

图 2-4-8   液压滑台流程图

编制现场信号与 PLC 输入输出端子分配表，如表 2-4-4 所示。

表 2-4-4   液压滑台 PLC 控制的 I/O 地址分配表

输入信号			输出信号		
名称	功能	编号	名称	功能	编号
SB1	夹紧按钮	I0.1	YV1	夹紧电磁阀	Q0.1
SB2	前进按钮	I0.2	YV2	前进电磁阀	Q0.2
SB3	后退按钮	I0.3	YV3	后退电磁阀	Q0.3
SB4	放松按钮	I0.4	YV4	放松电磁阀	Q0.4
SP	夹紧到位	I0.5			
SQ1	原位	I0.6			
SQ2	前转后	I0.7			
SA	方式选择	I0.0			

2. 用 LPC 内部寄存器的状态位表示流程图

液压滑台顺序控制继电器位作状态标志位流程图如图 2-4-9 所示。

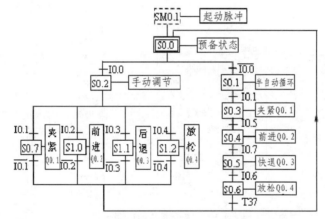

图 2-4-9   液压滑台顺序控制继电器位作状态标志位流程图

液压滑台内部寄存器位作状态标志位流程图如图 2-4-10 所示。

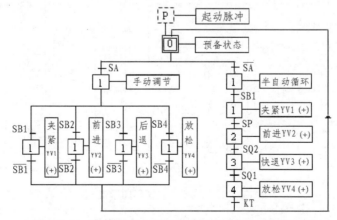

图 2-4-10   液压滑台内部寄存器位作状态标志位流程图

3．编写梯形图程序

（1）采用触点及线圈指令编写程序，如图 2-4-11 所示。

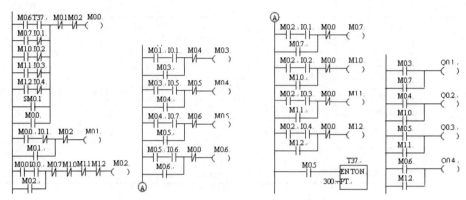

图 2-4-11　液压滑台梯形图形式一

（2）采用置位/复位指令编写程序，如图 2-4-12 所示。

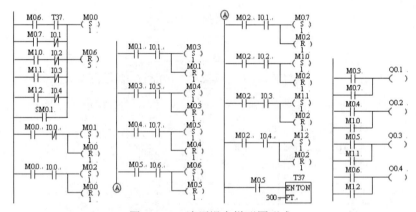

图 2-4-12　液压滑台梯形图形式二

（3）采用移位指令编写程序，如图 2-4-13 所示。

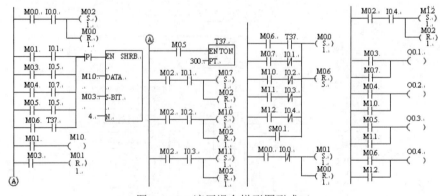

图 2-4-13　液压滑台梯形图形式三

（4）采用专用顺序控制继电器指令编写程序，如图 2-4-14 所示。

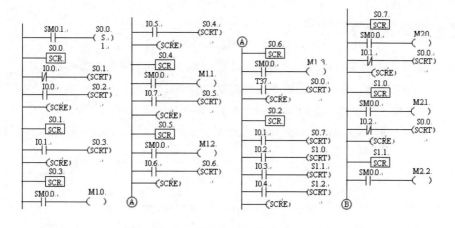

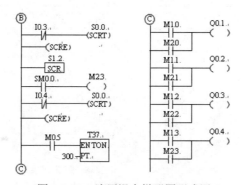

图 2-4-14　液压滑台梯形图形式四

（5）采用跳转指令实现工作方式的选择，如图 2-4-15 所示。

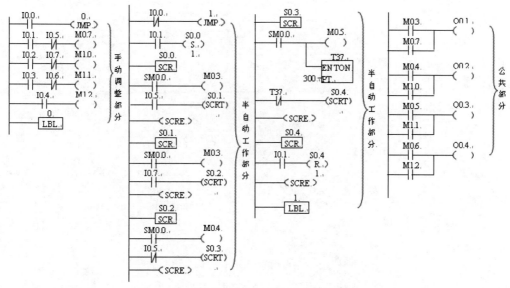

图 2-4-15　液压滑台控制程序梯形图结构形式

【思考与练习】

　　某控制系统有六台电动机 M1～M6，分别受 Q0.0～Q0.5 控制，控制要求如下：按下起动按钮 SB1（I0.0），M1 起动，延时 5s 后 M2 起动，M2 起动 5s 后 M3 起动；M4 与 M1 同时起动，M4 起动 10s 后 M5 起动，M5 起动 10s 后 M6 起动。按下停车按钮 SB2（I0.1），M4、M5、M6 同时停车；M4、M5、M6 停车后，延时 5s 后，M1、M2、M3 同时停车。

【重点记录】

_____

_____

_____

_____

单元三 PLC功能控制系统的设计

【项目简介】

一、设计调试广告牌循环彩灯PLC控制系统

各企业为宣传自己的企业形象和产品，均采用广告手法之———霓虹灯广告屏。广告屏灯管的亮灭、闪烁时间及流动方向等均可通过PLC来达到控制要求。

二、设计调试昼夜报时器PLC控制系统

昼夜报时器在工厂、学校、军队、宾馆和家庭中应用越来越广泛。此任务是设计一个住宅小区的定时昼夜报时器，要求能够24小时昼夜定时报警。

三、设计调试四路抢答器PLC控制系统

在各种形式的智力竞赛中，抢答器作为智力竞赛的评判装置得到了广泛应用。当主持人允许后抢答开始，第一个做出反应的并且满足相应要求的选手指示灯亮，其他的操作无效。

四、设计调试机械手PLC控制系统

机械手是在机械化、自动化生产过程中发展起来的一种新型装置。它可以在空间抓、放、搬运物体等，动作灵活多样，广泛应用在工业生产和其他领域内。应用PLC控制机械手能实现各种规定的工序动作，不仅可以提高产品的质量与产量，而且对保障人身安全、改善劳动环境、减轻劳动强度、提高劳动生产率、节约原材料消耗和降低生产成本等都有着十分重要的意义。

五、设计调试喷泉灯光PLC控制系统

喷泉按照一定的规律改变式样，并辅以五颜六色的灯光和优美的音乐，除具有美化环境的功能之外，还具有良好的生态效应、社会效应和广告效应。

【学习目标】

1. 强化基本指令程序的编写能力。
2. 熟悉控制程序的结构。
3. 掌握程序控制指令、数据处理指令、中断指令等常用功能指令的形式及作用。
4. 能分析功能指令的程序。
5. 能利用功能指令编写较简单的程序。
6. 能根据程序功能要求运用功能指令或子程序来优化程序结构。

【建议课时】

30课时。

项目 1 设计调试广告牌循环彩灯 PLC 控制系统

【任务描述】

广告牌循环彩灯 PLC 控制系统在现代广告手法方面是应用比较广泛的控制方式，图 3-1-1 所示是其控制系统示意图。

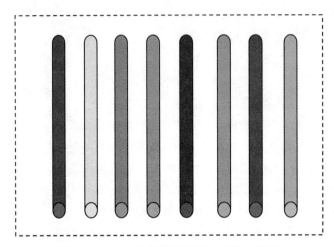

图 3-1-1 广告牌循环彩灯控制系统示意图

【任务资讯】

PLC 的应用指令也称为功能指令，一条功能指令相当于一段程序。使用功能指令可以简化复杂程序，优化程序结构，提高系统可靠性。依据功能指令的用途可分为程序控制指令，传送、移位、循环和填充指令，数学、加 1、减 1 指令，实时时钟指令，查表、寻找和转换指令，中断指令，通信指令，高速计数器指令等。

1. 功能指令的形式

在梯形图中，用方框表示功能指令，称为"功能块"，输入端均在左边，输出端均在右边，如图 3-1-2 所示。

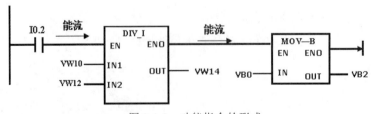

图 3-1-2 功能指令的形式

图中 I0.2 的动合触点接通时，左侧垂直母线提供"能流"，能流流到功能块 DIV_I 的数字量输入端 EN（使能输入有效），功能块被执行。如果功能块在 EN 处有能流且执行无错误，则 ENO（使能输出）将能流传递给下一个元件。若执行过程有错误，能流在出现错误的功能块终止。

图中两个功能块串联在一起，只有前一个功能块被正确执行，后一个才能被执行。

2. 数据处理指令

（1）传送指令，在各个编程元件之间进行数据传送。根据每次传送数据的数量又分为数据传送指令和数据块传送指令。

1）数据传送指令，包括 MOVB、MOVW、MOVD、MOVR，分别表示传送数据的类型为字节传送、字传送、双字传送和实数传送。梯形图如图 3-1-3 所示。

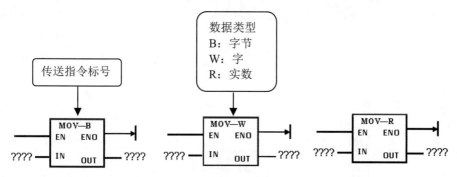

图 3-1-3　数据传送指令符号

2）数据块传送指令，包括 BMB、BMW、BMD，分别表示传送数据的类型为字节块传送、字块传送、双字块传送。数据块传送指令每次传递 1 个数据块（最多可达 255 个数据）。梯形图如图 3-1-4 所示。

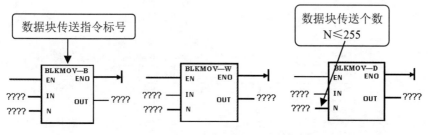

图 3-1-4　数据块传送指令符号

（2）字节交换指令，对应语句指令为 SWAP，专用于对 1 个字长的字型数据进行处理，功能是将字型输入数据 IN 的高 8 位与低 8 位进行交换。梯形图如图 3-1-5 所示。

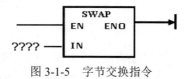

图 3-1-5　字节交换指令

（3）移位寄存器指令 SHRB，功能是当允许输入端 EN 有效时，如果 N>0，则在每个 EN 的前沿将数据输入 DATA 的状态移入移位寄存器的最低位 S_BIT，其他位依次左移；如果 N<0，则在每个 EN 的前沿将数据输入 DATA 的状态移入移位寄存器的最高位，其他位依次右移。梯形图表示符号如图 3-1-6 所示。

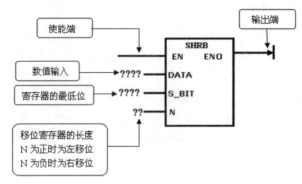

图 3-1-6 移位寄存器指令

例如移位寄存器 SHRB 的使用，如图 3-1-7 所示。

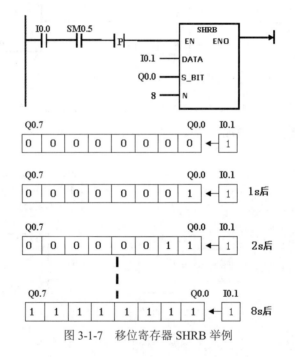

图 3-1-7 移位寄存器 SHRB 举例

【任务分析】

1. 任务要求

广告牌循环彩灯控制系统的控制要求是：第 1 根灯亮→第 2 根灯亮→第 3 根灯亮→……→第 8 根灯亮，即每隔 1s 依次点亮，全亮后闪烁 1 次（灭 1s 亮 1s），再反过来第 8 根灯灭

→第 7 根灯灭→第 6 根灯灭→……→第 1 根灯灭,时间间隔仍为 1s。全灭后停 1s,再从第 1 根灯管点亮,开始循环。

根据广告牌显示要求,可以采用基本指令或顺序控制指令来实现,但程序顺序较长、较复杂,本项目中采用功能指令的移位指令来实现,程序简单易懂。

2. PLC 选型

根据控制系统的设计要求,考虑到系统的扩展和功能,可以选择继电器输出结构的 CPU226 小型 PLC 作为控制元件。

3. 输入/输出分配

广告牌循环彩灯控制系统的 I/O 地址分配表如表 3-1-1 所示。

表 3-1-1　广告牌循环彩灯控制系统的 I/O 地址分配表

输入			输出		
名称	功能	编号	名称	功能	编号
SB1	起动	I0.0	KA1~KA8	控制 8 根霓虹灯管	Q0.0~Q0.7
SB2	停止	I0.1			

【任务实施】

1. 器材准备

完成本任务的实训安装、调试所需器材如表 3-1-2 所示。

表 3-1-2　广告牌循环彩灯控制系统实训器材一览表

器材名称	数量
PLC 基本单元 CPU226(或更高类型)	1 个
计算机	1 台
彩灯模拟装置	1 个
导线	若干
交、直流电源	1 套
电工工具及仪表	1 套

2. 硬件接线

依据 PLC 的 I/O 地址分配表,结合系统的控制要求,广告牌循环彩灯控制电气接线图如图 3-1-8 所示。

3. 编写 PLC 控制程序

根据彩灯要求,采用移位指令及传送指令设计的程序,广告牌循环彩灯控制的梯形图如图 3-1-9 所示。

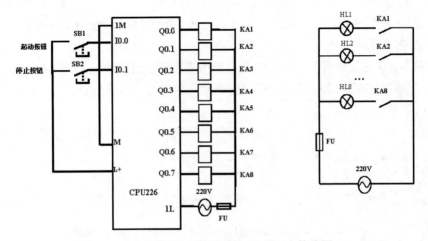

图 3-1-8　广告牌循环彩灯控制 PLC 的 I/O 接线图

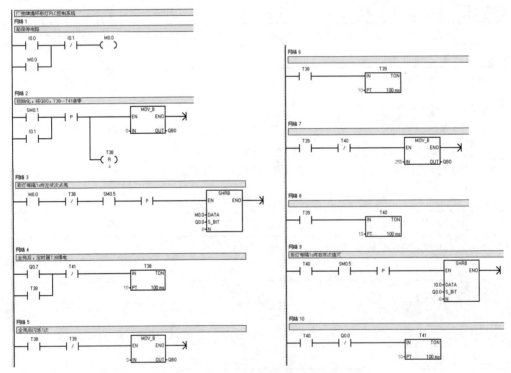

图 3-1-9　广告牌循环彩灯控制的梯形图

4. 系统调试

（1）程序输入。

在计算机上打开 S7-200 编程软件，选择相应 CPU 类型，建立循环彩灯的 PLC 控制项目，输入编写的梯形图程序。

（2）模拟调试。

将输入完成的程序编译后导出为 awl 格式文本文件，在 S7-200 仿真软件中打开。按下输入控制按钮，观察程序仿真结果。如与任务要求不符，则结束仿真，对编程软件中的程序进行分析修改，再重新导出文件，经仿真软件进一步调试，直到结果符合任务要求。

（3）系统安装。

系统安装可在硬件设计完成后进行，可与软件、模拟调试同时进行。系统安装只需按照安装接线图进行即可，注意输入输出回路的电源接入。

（4）系统调试。

确定硬件接线、软件调试结果正确后合上 PLC 电源开关和输出回路电源开关，按下彩灯起动按钮，观察 PLC 是否有输出、输出继电器 Q 的变化顺序是否正确、彩灯是否正常。如果结果不符合要求，观察输入及输出回路是否接线错误。排除故障后重新送电，起动彩灯，再次观察运行结果或者计算机显示监控画面，直到符合要求为止。

（5）填写任务报告书。

如实填写任务报告书，分析设计过程中的经验，编写设计总结。

【知识拓展】

移位指令，根据移位的数据长度可分为字节型移位、字型移位和双字型移位，根据移位方向可分为左移和右移，以及循环左移位、循环右移位、移位寄存器指令。

（1）左移位指令，功能是将输入数据 IN 左移 N 位后把结果送到 OUT，梯形图如图 3-1-10 所示。

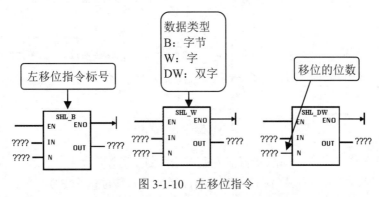

图 3-1-10　左移位指令

（2）右移位指令，功能是将输入数据 IN 右移 N 位后把结果送到 OUT，梯形图如图 3-1-11 所示。

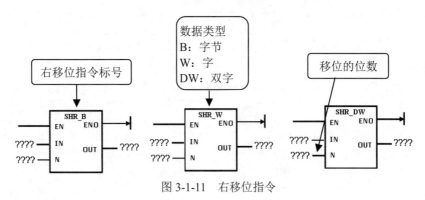

图 3-1-11　右移位指令

说明：使用左、右移位指令时，特殊辅助继电器 SM1.1 与溢出端相连，最后一次被移出的位进入 SM1.1，另一端自动补 0，允许移位的位数由移位指令的类型决定。

例如，图 3-1-12 所示是将 VB2 中的数据左移 3 位，将 VB4 中的数据右移 2 位，移位后的数据仍然存入原来的数据寄存器中。

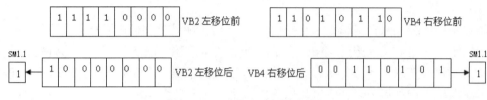

图 3-1-12　左移和右移指令举例

（3）循环左移位指令，功能是将输入端 IN 指定的数据循环左移 N 位，结果存入输出 OUT 中，也分为字节循环左移位指令 ROL_B、字循环左移位指令 ROL_W、双字循环左移位指令 ROL_DW。梯形图表示符号如图 3-1-13 所示。

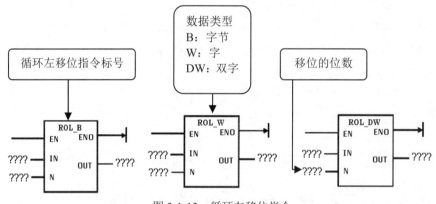

图 3-1-13　循环左移位指令

（4）循环右移位指令，功能是将输入端 IN 指定的数据循环右移 N 位，结果存入输出 OUT 中，也分为字节循环右移位指令 ROR_B、字循环右移位指令 ROR_W、双字循环右移位指令 ROR_D。梯形图表示符号如图 3-1-14 所示。

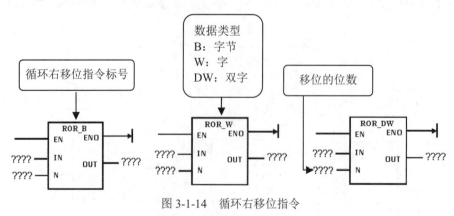

图 3-1-14　循环右移位指令

例如将 VB6 中的数据循环右移 2 位，如图 3-1-15 所示。

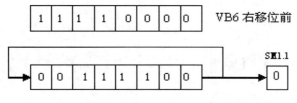

图 3-1-15　循环右移位指令举例

【思考与练习】

1. 试用左、右移位指令编程实现本任务的广告牌循环彩灯显示方式。

2. 有一天塔之光（如图 3-1-16 所示），闪烁控制要求为：L1、L4、L7 灯亮，1s 后灭，接着 L2、L5、L8 灯亮，1s 后灭，接着 L3、L6、L9 灯亮，1s 后灭，接着 L1、L4、L7 灯亮，1s 后灭，……，如此循环，试编写程序实现。

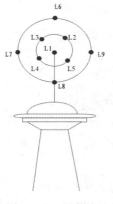

图 3-1-16　天塔之光

【重点记录】

_____

_____

_____

_____

项目 2 设计调试昼夜报时器 PLC 控制系统

【任务描述】

昼夜报时器在学校、工厂、军队、宾馆等地方应用越来越广泛。此任务是设计一个住宅小区的定时昼夜报时器，用 PLC 控制，实现 24 小时昼夜定时报警。

【任务资讯】

比较指令用于比较两个数值 IN1 和 IN2 或字符的大小，在梯形图中，满足比较关系式给出的条件时触点闭合。比较指令有 5 种类型：字节比较、整数（字）比较、双字比较、实数比较和字符串比较。其中，字节比较是无符号的，整数、双字、实数的比较是有符号的。

数值比较指令运算符：==、>=、<=、>、<、<>。

字符串比较指令：==、<>（<>表示不等于）。

触点中间的 B、I、D、R、S 分别表示字节、整数、双字、实数和字符串比较。整数的比较范围是有符号的 16#8000～16#7FFF，双字整数的比较范围是有符号的 16#80000000～16#7FFFFFFF。

比较指令是将两个操作数按指定的条件进行比较，操作数可以是整数，也可以是实数。可以将比较指令看作是一个动合触点，比较条件成立时触点闭合，否则断开。比较指令可以装载，也可以串联或并联。如图 3-2-1 所示为比较指令图解，表 3-2-1 所示为比较指令一览表。

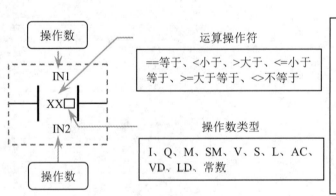

图 3-2-1 比较指令

表 3-2-1 比较指令一览表

指令	LAD	操作数类型	STL	说明
等于	P1 ==□ P2	字节	AB=P1,P2	①P1 与 P2 进行比较,满足条件时触点闭合,否则触点断开 ②比较触点可以直接与母线相连 ③比较触点可以与其他类型的触点相"与" ④比较触点可以与其他类型的触点相"或"
		整数	AI=P1,P2	
		双字	AD=P1,P2	
		实数	AR=P1,P2	
不等于	P1 <>□ P2	字节	AB<>P1,P2	
		整数	AI<>P1,P2	
		双字	AD<>P1,P2	
		实数	AR<>P1,P2	
大于等于	P1 >=□ P2	字节	AB>=P1,P2	
		整数	AI>=P1,P2	
		双字	AD>=P1,P2	
		实数	AR>=P1,P2	
小于等于	P1 <=□ P2	字节	AB<=P1,P2	
		整数	AI<=P1,P2	
		双字	AD<=P1,P2	
		实数	AR<=P1,P2	
大于	P1 >□ P2	字节	AB>P1,P2	
		整数	AI>P1,P2	
		双字	AD>P1,P2	
		实数	AR>P1,P2	
小于	P1 <□ P2	字节	AB<P1,P2	
		整数	AI<P1,P2	
		双字	AD<P1,P2	
		实数	AR<P1,P2	

例 1:数据比较指令应用。

某轧钢厂的成品库存可存放钢卷 500 个,因为不断有钢卷进库、出库,需要对库存的钢卷数进行统计,当库存数低于下限 50 时指示灯 HL1 亮,当库存数大于 400 时指示灯 HL2 亮,当达到库存上限 500 时报警器 HA 响,停止进库。

分析:钢卷进出库的情况可用加减计数器进行统计。进库、出库分别使用传感器进行检测。复位用手动按钮,有的情况下可以采用自动复位。指示灯和报警器用输出点直接控制。

根据上述分析,用如下步骤来完成 PLC 程序设计:

第一步:对用到的 I/O 进行地址分配,如表 3-2-2 所示。

表 3-2-2   轧钢厂进出库 PLC 控制的 I/O 地址分配表

输入元件	地址	输出元件	地址
进库检测 ST1	I0.0	指示灯 HL1	Q0.1
出库检测 ST2	I0.1	指示灯 HL2	Q0.2
复位按钮 SB1	I0.2	报警器 HA	Q0.3

第二步：按硬件接线图接线，如图 3-2-2 所示。

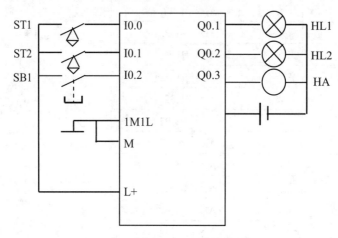

图 3-2-2   硬件接线图

第三步：设计梯形图程序，如图 3-2-3 所示。

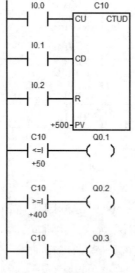

图 3-2-3   梯形图程序

例 2：比较指令的用法，如图 3-2-4 所示。

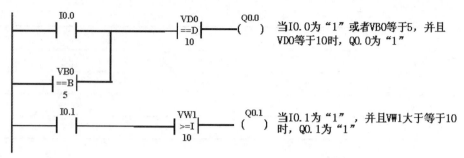

图 3-2-4 比较指令举例

【任务分析】

1. 任务要求

24 小时昼夜定时报警，早上 6:30，电铃每秒响一次，6 次后自动停止；9:00～17:00，起动住宅报警系统；晚上 6:00，园内照明；晚上 10:00，关闭园内照明。

2. PLC 选型

根据控制系统的设计要求，可以选择继电器输出结构的 CPU226（或更高类型）小型 PLC。

3. 输入/输出分配

根据控制要求，输入信号为起停开关、15min 快速调整与试验开关、快速试验开关共计三个输入点，输出信号为电铃、园内照明、住宅报警共计三个输出点。使用时，在 0:00 时起动定时器，应用计数器、定时器和比较指令构成 24 小时可设定定时时间的控制器，每 15min 为一个设定单元，共 96 个单元。元件输入/输出信号与 PLC 地址编号对照表如表 3-2-3 所示。

表 3-2-3　昼夜报时器控制系统 I/O 地址分配表

输入			输出		
名称	功能	编号	名称	功能	编号
SB1	起停开关	I0.0	HA	电铃	Q0.0
SB2	15min 快速调整与试验开关	I0.1	HL1	园内照明	Q0.1
SB3	快速试验开关	I0.2	HL2	住宅报警	Q0.2

【任务实施】

1. 器材准备

完成本任务的实训安装、调试所需器材如表 3-2-4 所示。

表 3-2-4　昼夜报时器控制系统实训器材一览表

器材名称	数量
PLC 基本单元 CPU226（或更高类型）	1 个
计算机	1 台

器材名称	数量
昼夜报时器模拟装置	1 个
导线	若干
交、直流电源	1 套
电工工具及仪表	1 套

2. 硬件接线

依据 PLC 的 I/O 地址分配表，结合系统的控制要求，昼夜报时器控制系统的电气接线图如图 3-2-5 所示。

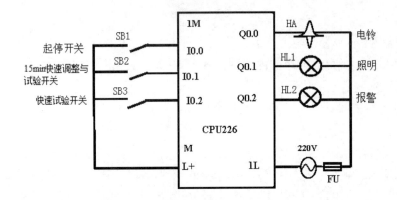

图 3-2-5　昼夜报时器控制系统的 I/O 接线图

3. 编写 PLC 控制程序

在图 3-2-6 所示的梯形图程序中，SM0.5 为 1s 的时钟脉冲。在 0:00 时起动系统，合上起停开关 I0.0，计数器 C0 对 SM0.5 的 1s 脉冲进行计数，计数到 900 次即 900s（15min）时 C0 动作一个周期，C0 一个动合触点接使 C1 计数 1 次，一个动合触点接使 C0 自己复位。C0 复位后接着重新开始计数，计数到 900 次，C1 又计数 1 次，同时 C0 又复位。可见，C0 计数器是 15min 导通一个扫描周期，C1 是 15min 计一次数，当 C1 当前值等于 26 时，时间是 26×15=390min（早上 6:30），电铃 Q0.0 每秒响 1 次，6 次后自动停止；当 C1 当前值为 72 时，时间是 72×15=1080min（晚上 6 点），开启园内照明，Q0.1 亮；当 C1 当前值为 88 时，时间是 88×15=1320min（晚上 10 点），关闭园内照明，Q0.1 灭；当 36≤C1 当前值≤68 时，时间是上午 9 点到下午 5 点，起动住宅报警系统，Q0.2 输出，实现昼夜报时。I0.0 合上，T33 产生一个 0.1s 的时钟脉冲，用于 15min 快速调整与试验。I0.2 也是快速试验开关。

4. 系统调试

（1）程序输入。

在计算机上打开 S7-200 编程软件，选择相应 CPU 类型，建立昼夜报时器的 PLC 控制项目，输入编写的梯形图程序。

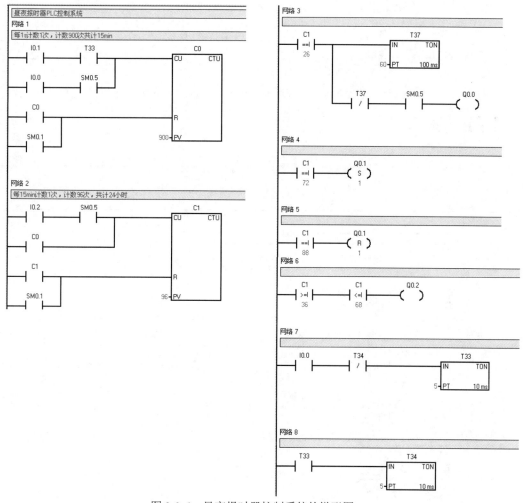

图 3-2-6　昼夜报时器控制系统的梯形图

（2）模拟调试。

将输入完成的程序编译后导出为 awl 格式文本文件，在 S7-200 仿真软件中打开。按下输入控制按钮，观察程序仿真结果。如与任务要求不符，则结束仿真，对编程软件中的程序进行分析修改，再重新导出文件，经仿真软件进一步调试，直到结果符合任务要求。

（3）系统安装。

系统安装可在硬件设计完成后进行，可与软件、模拟调试同时进行。系统安装只需按照安装接线图进行即可，注意输入输出回路的电源接入。

（4）系统调试。

确定硬件接线、软件调试结果正确后合上 PLC 电源开关和输出回路电源开关，按下起动按钮，观察 PLC 是否有输出、输出继电器 Q 的变化顺序是否正确、昼夜报时器是否正常。如果结果不符合要求，观察输入及输出回路是否接线错误。排除故障后重新送电，起动报时器，再次观察运行结果或者计算机显示监控画面，直到符合要求为止。

（5）填写任务报告书。

如实填写任务报告书，分析设计过程中的经验，编写设计总结。

【思考与练习】

用比较指令控制路灯的定时接通和断开，20:00 时开灯，6:00 时关灯，设计 PLC 程序。

【重点记录】

_____

_____

_____

_____

项目 3 设计调试四路抢答器 PLC 控制系统

【任务描述】

随着科学技术的日益发展，对抢答器的可靠性和实时性要求越来越高。抢答器在竞赛中有很大用处，它能准确、公正、直观地判断出第一抢答者。此任务是设计一个四路抢答器，通过 PLC 的程序完成，使用功能指令，其程序设计简单，适用于多种竞赛场合。

【任务资讯】

1. 数码管基础知识

数码管按段数分为七段数码管和八段数码管，八段数码管（如图 3-3-1 所示）比七段数码管多一个发光二极管单元（多一个小数点显示）；按能显示几个"8"可分为 1 位、2 位、4 位等数码管；按发光二极管单元连接方式分为共阳极数码管和共阴极数码管（如图 3-3-2 所示）。共阳极数码管是指将所有发光二极管的阳极接到一起形成公共阳极（COM）的数码管。共阳极数码管在应用时应将公共极 COM 接到+5V，当某一字段发光二极管的阴极为低电平时，相应字段就点亮。当某一字段的阴极为高电平时，相应字段就不亮。共阴极数码管是指将所有发光二极管的阴极接到一起形成公共阴极（COM）的数码管。共阴极数码管在应用时应将公共极 COM 接到地线 GND 上，当某一字段发光二极管的阳极为高电平时，相应字段就点亮。当某一字段的阳极为低电平时，相应字段就不亮。数码管实物图如图 3-3-3 所示。

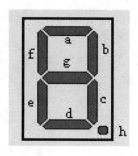

图 3-3-1　八段数码管

（1）怎样测量数码管引脚共阴和共阳。

找一个电源（3~5V）和 1 个 1kΩ 的电阻，Vcc 串接电阻后和 GND 接在任意两个脚上，组合有很多，但总有一个 LED 会发光，找到一个就够了，然后 GND 不动，用 Vcc（串电阻）逐个碰剩下的脚，如果有多个 LED（一般是 8 个），那它就是共阴的。

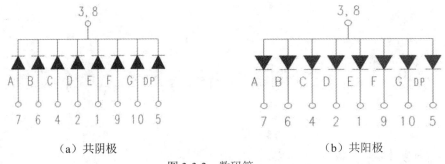

（a）共阴极　　　　　　　　　　（b）共阳极

图 3-3-2　数码管

（2）驱动方式。

数码管要正常显示，就要用驱动电路来驱动数码管的各个段码，从而显示出我们要的数字，因此根据数码管驱动方式的不同，可以分为静态式和动态式两类。

1）静态显示驱动：静态驱动也称直流驱动，是指每个数码管的每一个段码都由一个单片机的 I/O 端口进行驱动，或者使用如 BCD 码二-十进制译码器译码进行驱动。静态驱动的优点是编程简单、显示亮度高，缺点是占用 I/O 端口多，如驱动 5 个数码管静态显示则需要 5×8=40 个 I/O 端口。实际应用时必须增加译码驱动器进行驱动，增加了硬件电路的复杂性。

图 3-3-3　数码管实物图

2）动态显示驱动：数码管动态显示接口是应用最为广泛的一种显示方式，动态驱动是将所有数码管的 8 个显示笔画 a、b、c、d、e、f、g 的同名端连在一起，另外为每个数码管的公共极 COM 增加位选通控制电路，位选通由各自独立的 I/O 线控制，当单片机输出字形码时，所有数码管都接收到相同的字形码，但究竟是哪个数码管会显示出字形，取决于单片机对位选通 COM 端电路的控制，所以我们只要将需要显示的数码管的选通控制打开，该位就显示出字形，没有选通的数码管就不会亮。通过分时轮流控制各个数码管的 COM 端，就使各个数码管轮流受控显示。在轮流显示过程中，每位数码管的点亮时间为 1～2ms，由于人眼的视觉暂留现象及发光二极管的余辉效应，尽管实际上各位数码管并非同时点亮，但只要扫描的速度足够快，给人的印象就是一组稳定的显示数据，不会有闪烁感，动态显示的效果和静态显示是一样的，能够节省大量的 I/O 端口，而且功耗更低。

（3）主要参数。

1）8 字高度：8 字上沿与下沿的距离，比外形高度小，通常用英寸来表示，范围一般为 0.25～20 英寸。

2）长×宽×高：长——数码管正放时，水平方向上的长度；宽——数码管正放时，垂直方向上的长度；高——数码管的厚度。

3）时钟点：四位数码管中，第二位 8 与第三位 8 字中间的两个点，一般用于显示时钟中的秒。

4）数码管使用的电流与电压。

电流：静态时，推荐使用 10mA～15mA；动态时，16/1 动态扫描时，平均电流为 4mA～5mA，峰值电流为 50mA～60mA。

电压：查引脚排布图，看一下每段的芯片数量是多少。当红色时，使用 1.9V 乘以每段的芯片串联的个数；当绿色时，使用 2.1V 乘以每段的芯片串联的个数。

（4）数码管应用。

1）数码管是一类显示屏，通过对其不同的管脚输入相对的电流会使其发亮从而显示出数字。

2）能够显示时间、日期、温度等所有可用数字表示的参数。由于它价格便宜、使用简单，在电器特别是家电领域应用极为广泛，如空调、热水器、冰箱等。

（5）恒流驱动与非恒流驱动对数码管的影响。

1）显示效果。

由于发光二极管基本上属于电流敏感器件，其正向压降的分散性很大，并且还与温度有关，为了保证数码管具有良好的亮度均匀度，就需要使其具有恒定的工作电流，且不能受温度及其他因素的影响。另外，当温度变化时驱动芯片还要能够自动调节输出电流的大小以实现色差平衡温度补偿。

2）安全性。

即使是短时间的电流过载也可能对发光二极管造成永久性的损坏，采用恒流驱动电路后可以防止由于电流故障所引起的数码管的大面积损坏。

另外，我们所采用的超大规模集成电路还具有级联延时开关特性，可防止反向尖峰电压对发光二极管的损害。

超大规模集成电路还具有热保护功能，当任何一片的温度超过一定值时可自动关断，并且可在控制室内看到故障显示。

2. 译码、编码、段码指令

（1）译码指令。

1）译码指令的格式及功能如表 3-3-1 所示。

表 3-3-1 译码指令的格式及功能

梯形图 LAD	语句表 STL		功能
	操作码	操作数	
DECO EN IN　OUT	DECO	IN,OUT	当使能位 EN 为 1 时，根据输入字节 IN 的低 4 位所表示的位号（十进制数）值将输出字 OUT 相应位置 "1"，其他位置 "0"

注：操作数 IN 不能寻址专用的字及双字存储器 T、C、HC 等，OUT 不能对 HC 及常数寻址。

2）指令编程举例。

如果 VB2 中存有一数据为 16#08，即低 8 位数据为 8，则执行 DECO 译码指令，将使 MW2 中的第 8 位数据位置"1"，而其他数据位置"0"。对应的梯形图程序及执行结果如图 3-3-4 所示。

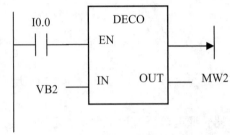

（a）梯形图程序

地址	格式	当前值
VB2	十六进制	16#08
MW2	二进制	2#0000_0001_0000_0000

（b）转换结果

图 3-3-4   译码指令编程举例

（2）编码指令。

1）编码指令的格式及功能如表 3-3-2 所示。

表 3-3-2   编码指令的格式及功能

梯形图 LAD	语句表 STL		功能
	操作码	操作数	
ENCO EN IN OUT	ENCO	IN,OUT	当使能位 EN 为 1 时，将输入字 IN 中最低有效位的位号转换为输出字节 OUT 中的低 4 位数据

注：OUT 不能寻址常数及专用的字及双字存储器 T、C、HC 等。

2）指令编程举例。

如果 MW3 中有一个数据的最低有效位是第 2 位（从第 0 位算起），则执行编码指令后，VB3 中的数据为 16#02，其低字节为 MW3 中最低有效位的位号值。对应的梯形图程序及执行结果如图 3-3-5 所示。

（3）段码指令。

1）段码指令的格式及功能如表 3-3-3 所示。

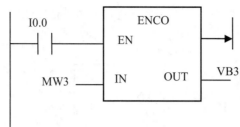

（a）梯形图程序

地址	格式	当前值
MW3	二进制	2#0000_0000_0000_1100
VB3	十六进制	16#02

（b）转换结果

图 3-3-5　编码指令编程举例

表 3-3-3　段码指令的格式及功能

梯形图 LAD	语句表 STL		功能
	操作码	操作数	
SEG EN IN OUT	SEG	IN,OUT	当使能位 EN 为 1 时，将输入字节 IN 的低 4 位有效数字值转换为七段显示码，并输出到字节 OUT

注：①操作数 IN、OUT 寻址范围不包括专用的字及双字存储器 T、C、HC 等，其中 OUT 不能寻址常数。

②七段显示码的编码规则如表 3-3-4 所示。

表 3-3-4　七段显示码的编码规则

IN	OUT .gfe dcba	段码显示	IN	OUT .gfe dcba
0	0011 1111		8	0111 1111
1	0000 0110		9	0110 0111
2	0101 1011		A	0111 0111
3	0100 1111		B	0111 1100
4	0110 0110		C	0011 1001
5	0110 1101		D	0101 1110
6	0111 1101		E	0111 1001
7	0000 0111		F	0111 0001

2）指令编程举例。

设 VB2 字节中存有十进制数 9，当 I0.0 得电时对其进行段码转换，以便进行段码显示。其梯形图程序及执行结果如图 3-3-6 所示。

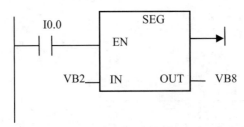

（a）梯形图程序

地址	格式	当前值
VB2	不带符号数	9
VB8	二进制	2#0110_0111

（b）转换结果

图 3-3-6   段码指令编程举例

【任务分析】

1. 任务要求

（1）主持人宣布抢答后，首先抢答成功者，抢答有效且指示灯 HL1 点亮，显示选手号码。

（2）主持人宣布抢答后方可抢答，否则抢答者视为犯规并且 HL2 灯点亮，显示犯规选手号码。

（3）主持人宣布抢答后，10s 内抢答有效。

（4）主持人按下复位按钮后选手才可以重复上述步骤。

2. PLC 选型

根据控制系统的设计要求，可以选择继电器输出结构的 CPU226（或更高型）小型 PLC。

3. 输入/输出分配

根据控制要求，输入信号为选手 1～4 的抢答按钮、主持人开始按钮、复位按钮共计 6 个输入点，输出信号为数码管显示 Q0.0～Q0.7、抢答指示灯、犯规指示灯共计 10 个输出点。其元件输入/输出信号与 PLC 地址编号对照表如表 3-3-5 所示。

表 3-3-5   四路抢答器控制 I/O 地址分配表

输入			输出		
名称	功能	编号	名称	功能	编号
SB1	选手 1 的抢答按钮	I0.1	QB0	数码管显示	Q0.0～Q0.7
SB2	选手 2 的抢答按钮	I0.2	HL1	抢答指示灯	Q1.0
SB3	选手 3 的抢答按钮	I0.3	HL2	犯规指示灯	Q1.1

续表

输入			输出		
名称	功能	编号	名称	功能	编号
SB4	选手 4 的抢答按钮	I0.4			
SB5	主持人开始按钮	I0.5			
SB6	复位按钮	I0.6			

【任务实施】

1. 器材准备

完成本任务的实训安装、调试所需器材如表 3-3-6 所示。

表 3-3-6　四路抢答器控制系统实训器材一览表

器材名称	数量
PLC 基本单元 CPU226（或更高类型）	1 个
计算机	1 台
四路抢答器模拟装置	1 个
导线	若干
交、直流电源	1 套
电工工具及仪表	1 套

2. 硬件接线

依据 PLC 的 I/O 地址分配表，结合系统的控制要求，四路抢答器控制系统电气接线图如图 3-3-7 所示。

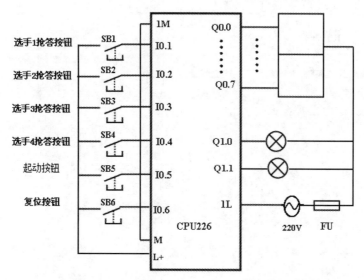

图 3-3-7　四路抢答器控制系统的 I/O 接线图

3. 编写 PLC 控制程序

根据四路抢答器的控制要求，采用编码指令及段码指令设计程序，其梯形图和语句表如图 3-3-8 所示。

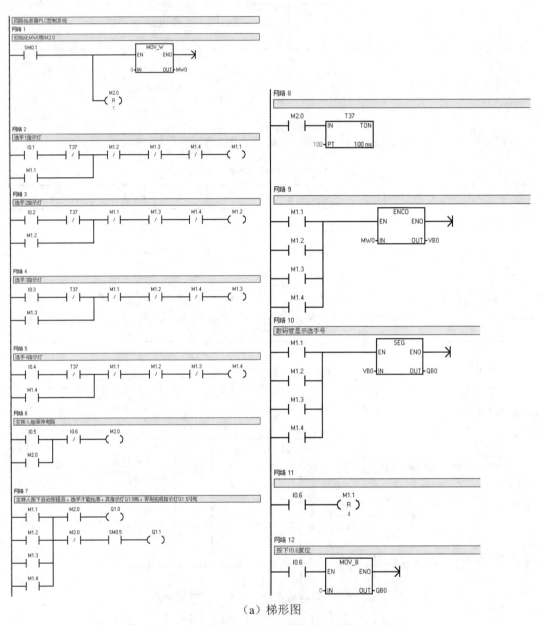

（a）梯形图

图 3-3-8　四路抢答器控制系统的梯形图和语句表

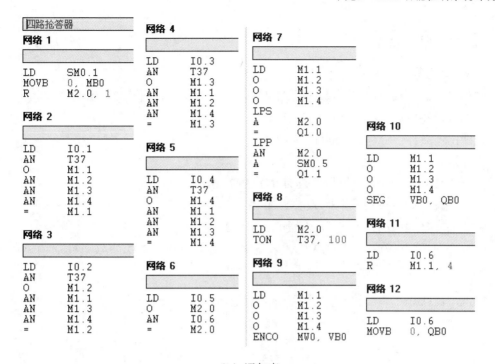

（b）语句表

图 3-3-8 四路抢答器控制系统的梯形图和语句表（续图）

4. 系统调试

（1）程序输入。

在计算机上打开 S7-200 编程软件，选择相应 CPU 类型，建立四路抢答器的 PLC 控制项目，输入编写的梯形图程序。

（2）模拟调试。

将输入完成的程序编译后导出为 awl 格式文本文件，在 S7-200 仿真软件中打开。按下输入控制按钮，观察程序仿真结果。如与任务要求不符，则结束仿真，对编程软件中的程序进行分析修改，再重新导出文件，经仿真软件进一步调试，直到结果符合任务要求。

（3）系统安装。

系统安装可在硬件设计完成后进行，可与软件、模拟调试同时进行。系统安装只需按照安装接线图进行即可，注意输入输出回路的电源接入。

（4）系统调试。

确定硬件接线、软件调试结果正确后合上 PLC 电源开关和输出回路电源开关，按下四路抢答器起动按钮，观察 PLC 是否有输出、输出继电器 Q 的变化顺序是否正确、抢答器是否正常。如果结果不符合要求，观察输入及输出回路是否接线错误。排除故障后重新送电，起动抢答器，再次观察运行结果或者计算机显示监控画面，直到符合要求为止。

（5）填写任务报告书。

如实填写任务报告书，分析设计过程中的经验，编写设计总结。

【知识拓展】

1. 数学运算指令

（1）加法指令：对有符号数进行加操作，类型有整数、双整数、实数。

影响特殊存储器位：SM1.0（0）、SM1.1（溢出）、SM1.2（负）。

使能出错条件：SM4.3、0006、SM1.1。

指令格式：

+I   IN1,IN2……16 位符号整数加 IN1+IN2→IN2

+D   IN1,IN2……32 位符号双整数加 IN1+IN2→IN2

+R   IN1,IN2……16 位符号实数加 IN1+IN2→IN2

OUT 寻址范围：VW、IW、QW、MW、SW、SMW、LW、*VD、*AC、*LD、T、C、AC。

梯形图如图 3-3-9 所示。

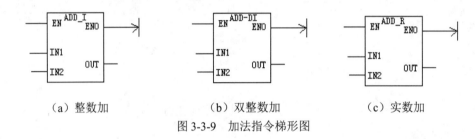

（a）整数加   （b）双整数加   （c）实数加

图 3-3-9 加法指令梯形图

（2）减法指令。

指令格式：

-I   IN1,IN2……16 位符号整数减 IN1-IN2→IN2

-D   IN1,IN2……32 位符号双整数减 IN1-IN2→IN2

-R   IN1,IN2……16 位符号实数减 IN1-IN2→IN2

（3）乘法指令。

指令格式：

*I   IN1,IN2……16 位符号整数乘 IN1*IN2→IN2（结果 16 位）

*I   IN1,IN2……16 位符号完全整数乘 IN1*IN2→IN2（结果 32 位）

*D   IN1,IN2……32 位符号双整数乘 IN1*IN2→IN2（结果 32 位）

*R   IN1,IN2……32 位符号实数乘 IN1*IN2→IN2（结果 32 位）

运算结果大于 32 位，则产生溢出。

（4）除法指令。

指令格式：

/I   IN2,OUT……16 位符号整数除 OUT/IN2→OUT（结果为 16 位商，余数丢失）

DIV   IN2,OUT……16 位符号完全整数除 OUT/IN2→OUT（结果为 16 位商，16 位余数，32 位结果的低 16 位运算前兼作被除数）

/D   IN2,OUT……16 位符号双整数除 OUT/IN2→OUT（结果为 32 位商，余数丢失）

/R　IN2,OUT……32 位符号实数除 OUT/IN2→OUT（结果为 32 位商）

（5）加 1、减 1 指令。

指令格式：

INCB(D、W) OUT　　　表示 IN+1→OUT

DECB(D、W) OUT　　　表示 IN-1→OUT

梯形图如图 3-3-10 所示。

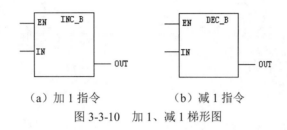

（a）加 1 指令　　　　　（b）减 1 指令

图 3-3-10　加 1、减 1 梯形图

影响特殊存储器位：SM1.0（0）、SM1.1（溢出）、SM1.2（负）。

2. 数学函数指令

（1）平方根指令 SQRT：SQRT　IN,OUT　　　表示 SQRT(IN)→OUT

梯形图如图 3-3-11 所示。

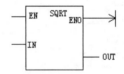

图 3-3-11　平方根梯形图（注：位数为 32 位）

（2）自然对数指令 LN：LN　IN,OUT　　　表示 LN(IN)→OUT

梯形图如图 3-3-12 所示。

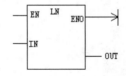

图 3-3-12　自然对数指令梯形图

（3）三角函数指令：

SIN　IN,OUT　　　表示 SIN(IN)→OUT

COS　IN,OUT　　　表示 COS(IN)→OUT

TAN　IN,OUT　　　表示 TAN(IN)→OUT

梯形图如图 3-3-13 所示。

注：输入为 32 位实数弧度，输出为 32 位。

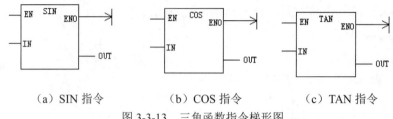

（a）SIN 指令　　　　　（b）COS 指令　　　　　（c）TAN 指令

图 3-3-13　三角函数指令梯形图

3. 逻辑运算指令

逻辑运算是对无符号数进行逻辑运算，主要有逻辑与、逻辑或、逻辑异或、取反等。

操作数长度：字节、字、双字。

（1）逻辑与运算指令：

ANDB　IN1,OUT

ANDW　IN1,OUT

ANDD　IN1,OUT

梯形图如图 3-3-14 所示。

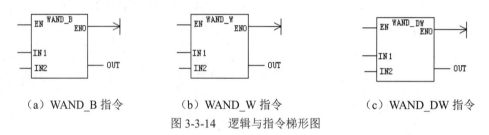

　（a）WAND_B 指令　　　　（b）WAND_W 指令　　　　　（c）WAND_DW 指令

图 3-3-14　逻辑与指令梯形图

（2）逻辑异或运算指令：

XORB　IN1,OUT

XORW　IN1,OUT

XORD　IN1,OUT

梯形图如图 3-3-15 所示。

　（a）WXOR_B 指令　　　　（b）WXOR_W 指令　　　　　（c）WXOR_DW 指令

图 3-3-15　逻辑异或指令梯形图

（3）逻辑或运算指令：

ORB　IN1,OUT

ORW　IN1,OUT

ORD　IN1,OUT

梯形图如图 3-3-16 所示。

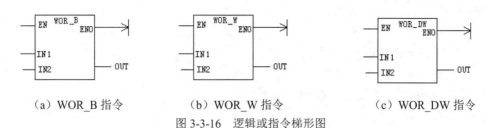

（a）WOR_B 指令　　　　　（b）WOR_W 指令　　　　　（c）WOR_DW 指令

图 3-3-16　逻辑或指令梯形图

（4）取反指令。

每个字节取反。

4. 其他数据处理指令

（1）单一传送指令。

字节：MOVB　IN,OUT　　表示 IN→OUT

字：MOVW　IN,OUT　　表示 IN→OUT

双字：MOVD　IN,OUT　　表示 IN→OUT

实数：MOVB　IN,OUT　　表示 IN→OUT

传送字节立即写指令：MOVB　IN，OUT　　表示 IN→OUT

立即将 OUT 所指的物理区输出。

传送字节立即读指令：MOVB　IN,OUT　　表示 IN→OUT

立即读取物理输入区数据并传送到 OUT 中。

（2）块传送指令：用来进行一次多个（最多 255 个）数据的传送，从 IN 开始的 N 个字节（字、双字块）传送到 OUT 开始的 N 个字节（字、双字块）单元。

指令格式：

BMB　IN,OUT,N

BMW　IN,OUT,N

BMD　IN,OUT,N

（3）字节交换指令：将字型输入数据 IN 的高字节与低字节进行交换，结果存放在 IN 中。

指令格式：SWAP　IN

（4）存储器填充指令：将字型输入值 IN 填充至从 OUT 开始的 N 个字的存储单元中，N 为字节型，可取 1~255 的正数。

指令格式：FILL　IN,OUT,N

5. 转换指令对操作数的类型进行转换

包括数据的类型转换、码的类型转换、数据和码之间的转换。

数据类型：字节、整数、双整数、实数。

（1）BCD 码到整数：将二进制编码的十进制数值 IN 转换成整数，并将结果送到 OUT 中。IN 的数值范围为 0~9999。

指令格式：BCDI　OUT　　（IN 和 OUT 使用同一地址）

（2）整数到 BCD 码：将输入整数值 IN 转换成二进制编码的十进制数，并将结果送到 OUT 输出。

指令格式：IBCD　OUT　　（IN 和 OUT 使用同一地址）

（3）字节到整数：BTI　OUT

（4）整数到字节：IBT　OUT

（5）双整数到整数：DTI　OUT

（6）整数到双整数：IDT　OUT

（7）实数到双整数：

　　ROUND　OUT　　（小数四舍五入）

　　TRUNC　OUT　　（小数部分舍去）

（8）双整数到实数：DTR　IN,OUT

（9）编码指令：ENCO　IN,OUT

（10）译码指令：DECO　IN,OUT

（11）段码指令：SEG　IN,OUT

（12）ASCII 码到十六进制数：ATH　IN,OUT,LEN

（13）十六进制数到 ASCII 码：HTA　IN,OUT,LEN

（14）整数到 ASCII 码：ITA　IN,OUT,FMT

（15）双整数到 ASCII 码：DTA　IN,OUT,FMT

（16）实数数到 ASCII 码：RTA　IN,OUT,FMT

6.　程序控制指令

（1）有条件结束指令：END 指令根据前一个逻辑条件终止主用户程序，必须用在无条件结束指令 MEND 之前，用户程序必须以无条件结束指令结束主程序。主程序中可以使用有条件结束指令，但不能在子程序或中断程序中使用有条件指令。STEP7-Micro/WIN32 自动在主程序结束加上 MEND。

（2）暂停指令：STOP 是将 PLC 从 RUN 模式转换为 STOP 模式，终止程序执行。中断程序中采用 STOP 则终止中断程序执行，忽略全部待执行的中断，继续扫描主程序，扫描全部主程序后进入 STOP 状态。

（3）监视定时器复位指令。

WDR：指令重新触发系统监视程序定时器（WDT），扩展扫描允许使用的时间，不会出现监视程序错误。

WDT：系统监视程序定时器，用于监视扫描周期是否超时。正常时扫描时间小于 WDT 规定的时间（100～300ms）WDT 定时器复位。系统发生故障时，扫描时间大于设定值，定时器不能及时复位，则报警且停止 CPU 运行，同时复位输出。这样防止程序进入死循环或故障引起扫描时间过长。若程序过长，扫描时间大于设定值，可以使用 WDR 指令使 WDT 复位。

注意：在循环程序中使用 WDR 指令，可能使扫描时间很长，影响其他程序执行，在循环程序没有结束时下列程序禁止执行：①通信（自由通信除外）；②I/O 刷新（直接 I/O 除外）；

③强制刷新；④SM位更新（SM0、SM5～SM29除外）；⑤运行时间诊断程序；⑥中断程序中的STOP指令；⑦扫描时间超过25s时10ms和100ms定时器计时不准确。

（4）跳转与标号指令。

JMP：跳转指令，使能有效，程序跳转到标号处执行。

LBL：标号指令，标记指令跳转的目的地的位置，操作数n为0～255。

说明：①必须配对使用，使用在同一程序块中；②执行跳转后，被跳转的程序段中元件的状态不同：Q、M、S、C等。

保持跳转前的状态，计数器停止计数，保持跳转前的数值，定时器1ms和10ms保持跳转前的工作状态（继续工作）到设定值后位的状态也会改变，输出点动作，一直到累计到32767才停止。100ms跳转期间停止工作，但不会复位，存储器中的数值保持，跳转后若条件满足则继续定时，但定时不准确。

（5）循环指令。

FOR：循环开始指令，标记循环体的开始。

NEXT：循环结束指令，标记循环体的结束。

在FOR和NEXT之间的程序段称为循环体，每执行一次循环体，当前计数值增1，并且将结果同终值比较，如果大于终值，则终止循环。

指令格式：

FOR　INDX,INIT,FINAL

…

NEXT

梯形图如图3-3-17所示。

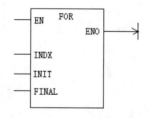

图3-3-17　循环指令的梯形图

说明：

① 必须成对使用。

② FOR和NEXT可以循环嵌套，嵌套最多为8层，但不能有交叉。

③ 每次使能重新有效时指令自动复位各参数。

④ 初值大于终值，循环体不被执行。

⑤ 必须设定三个参数：INDX，指定当前循环计数器；INIT为初值，FINAL为终值。

⑥ 数据类型。

INDX：VW、IW、QW、SW、MW、SMW、LW、AC、T、C、*AC、*LD和常量。

INIFINAL：只比 INDX 增加了 AIW 和*VD。

（6）PID 回路指令。

PID 指令根据表格中的输入和配置信息对引用 LOOP 执行 PID 循环运算。

TABLE 是 PID 回路表起始地址，使用字节 VB 区域，LOOP 是回路号（0～7），PID 回路参数表如表 3-3-7 所示。

指令格式：PID　TABLE,LOOP

表 3-3-7　PID 回路参数表

地址偏移	变量名	变量类型	示例
+0	调节量	IN	VD100
+4	给定量	IN	VD104
+8	控制量	IN/OUT	VD108
+12	比例增益	IN	VD1112
+16	采样时间	IN	VD116
+20	积分时间常数	IN	VD120
+24	微分时间常数	IN	VD124
+28	累计偏移量	IN/OUT	VD128
+32	上次的调节量	IN/OUT	VD132

（7）高速计数器指令。

普通计数器受 CPU 扫描速度的影响，对高速脉冲计数时可能出现丢失现象。

高速计数器脱离主机独立计数，使用时首先要定义工作模式，用 HDEF 指令设置。

设置指令格式：HDEF　HSC,MODE

HSC 为高速计数器编号 0～5，MODE 为工作模式 0～11，具体参见手册。

梯形图如图 3-3-18 所示。

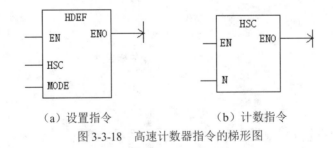

（a）设置指令　　　　（b）计数指令

图 3-3-18　高速计数器指令的梯形图

计数指令格式：HSC　N

N 为高速计数器编号。

（8）高速脉冲输出指令。

高速脉冲输出有两种形式：高速脉冲串输出 PTO 和宽度可调脉冲输出 PWM。

高速脉冲串输出 PTO 用来输出指定数量的方波（占空比 50%），用户指定方波的周期和脉冲数，个数为1~4294967295（42亿左右），周期为250μs~65535μs。

宽度可调脉冲输出PWM用来输出占空比可调的高速脉冲串，用户中断控制脉冲的周期和脉冲宽度，周期为250μs~65535μs，占空比0~100%。

每个CPU有两个PTO/PWM发生器，产生PTO和PWM波形，一个分配在Q0.0，一个分配在Q0.1。每一路输出有一个8位控制寄存器、两个16位无符号时间寄存器和一个32位的脉冲计数器控制，如表3-3-8所示。

表3-3-8　高速脉冲输出地址分配

	Q0.0	Q0.1
输出状态位（2位）	SM66.6、SM66.7	SM76.6、SM76.7
输出控制位（8位）	SM67.0~SM67.7	SM77.0~SM77.7
周期时间值（16位）	SMB68、SMB69	SMB78、SMB79
脉冲宽度（16位）	SMB70、SMB71	SMB80、SMB81
计数值（32位）	SMB72~SMB75	SMB82~SMB85

指令格式：PLS　　Q0.x

梯形图如图3-3-19所示，其中x只能取0和1。

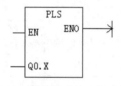

图3-3-19　高速脉冲输出指令的梯形图

【思考与练习】

1. 试设计0~9秒的简易秒表。

2. 试设计00~59秒的秒表。

3. 试设计99~00秒的倒计时秒表。

4. 设计一个报警电路程序，假设某展厅只能容纳100人，当超过100人时就报警输出停止参观人员进入，并设置统计每天参观人数。在展厅进出口各装一个传感器I0.0、I0.1，当有人进入展厅时，I0.0检测到实现加1运算，当有人出来时I0.1检测到实现减1运算，在展厅内人数达到100人以上就接通Q0.0报警。

【重点记录】

项目4 设计调试机械手PLC控制系统

【任务描述】

为了满足生产的需要，很多设备要求设置多种工作方式，如手动和自动（包括连续、单周期、单步、自动返回初始状态等）工作方式。

某机械手用来将工件从A点搬运到B点（如图3-4-1所示），操作面板如图3-4-2所示。

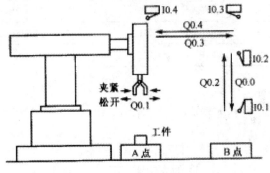

图 3-4-1 机械手示意图

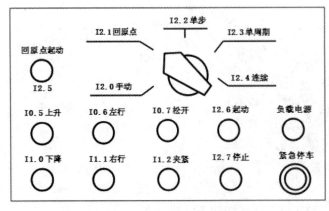

图 3-4-2 操作面板

【任务资讯】

在进行计算机的结构化程序设计时，常常采用子程序设计技术，在PLC的程序设计中也不例外。对那些需要经常执行的程序段，设计成子程序的形式，并为每个子程序赋以不同的编号，在程序执行的过程中可随时调用某个编号的子程序。

1. 子程序调用指令和返回指令

子程序调用指令 CALL 的功能是将程序执行转移到编号为 n 的子程序。

子程序的入口用指令 SBR n 表示，在子程序执行过程中，如果满足条件返回指令 CRET 的返回条件，则结束该子程序，返回到原调用处继续执行；否则，将继续执行该子程序到最后一条：无条件返回指令 RET，结束该子程序的运行，返回到原调用处。

在梯形图中，子程序调用指令以功能框形式编程，子程序返回指令以线圈形式编程。

建立子程序是通过编程软件实现的。

指令格式：

CALL SBR_n

…

SBR_n

…

CRET

CALL 为子程序调用；SBR_n 为子程序入口，n 为 0～63；CRET 为子程序条件返回指令，使能有效，结束子程序，返回主程序中。

在梯形图中以指令盒的形式编程，如图 3-4-3 所示。

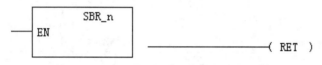

图 3-4-3　子程序调用和返回指令梯形图

2. 子程序调用过程的特点

（1）在子程序（n）调用过程中，CPU 把程序控制权交给子程序（n），系统将当前逻辑堆栈的数据自动保存，并将栈顶置 1，堆栈中的其他数据置 0。当子程序执行结束后，通过返回指令自动恢复原来逻辑堆栈的数据，把程序控制权重新交给原调用程序。

（2）因为累加器可在调用程序和被调子程序之间自由传递数据，所以累加器的值在子程序调用开始时不需要另外保存，在子程序调用结束时也不用恢复。

（3）允许子程序嵌套调用，嵌套深度最多为 8 重。

（4）S7-200 不禁止子程序递归调用（自己调用自己），但使用时要慎重。

（5）用 Micro/WIN32 软件编程时，编程人员不用手工输入 RET 指令，而是由软件自动加在每个子程序的结束处。

示例：不带参数子程序的调用。

点动/连续运转控制程序的点动部分及连续运转部分可分别作为子程序编写，在主程序中根据需要调用可以很好地完成控制任务。与此对应的梯形图及指令语句如图 3-4-4 所示。

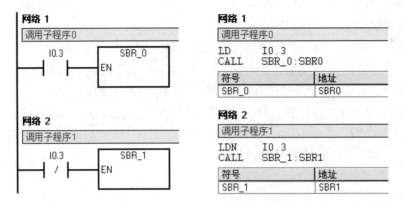

（a）主程序的梯形图及对应指令语句

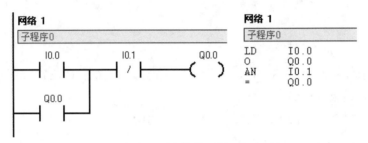

（b）子程序 0 对应的梯形图及指令语句

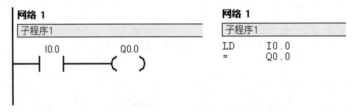

（c）子程序 1 对应的梯形图及指令语句

图 3-4-4　对应的梯形图及指令语句

3．带参数的子程序调用

子程序在调用过程中允许带参数调用。

（1）子程序参数。

子程序在带参数调用时最多可以带 16 个参数，每个参数包含变量名、变量类型和数据类型。这些参数在子程序的局部变量表中进行定义。

（2）变量名。

由不超过 8 个字符的字母和数字组成，但第一个字符必须是字母。

（3）变量类型。

在子程序带参数调用时可以使用 4 种变量类型，根据数据传递的方向依次安排这些变量类型在局部变量表中的位置。

1）IN 类型（传入子程序型）。

IN 类型表示传入子程序参数，参数的寻址方式有如下几种：

● 直接寻址（如 VB20）：将指定位置的数据直接传入子程序。

● 间接寻址（如*AC1）：将由指针决定的地址中的数据传入子程序。

● 立即数寻址（如 16#2345）：将立即数传入子程序。

● 地址编号寻址（如&VB100）：将数据的地址值传入子程序。

2）IN/OUT 类型（传入/传出子程序型）。

IN/OUT 类型表示传入/传出子程序参数，调用子程序时将指定地址的参数传入子程序，子程序执行结束时将得到的结果值返回到同一个地址。参数的寻址方式可以是直接寻址和间接寻址。

3）OUT 类型（传出子程序型）。

OUT 类型表示传出子程序参数，将从子程序返回的结果值传送到指定的参数位置。参数的寻址方式可以是直接寻址和间接寻址。

4）TEMP 类型（暂时型）。

TEMP 类型的变量，用于在子程序内部暂时存储数据，不能用来与主程序传递参数数据。

（4）使用局部变量表。

局部变量表使用局部变量存储器 L，CPU 在执行子程序时自动分配给每个子程序 64 个局部变量存储器单元，在进行子程序参数调用时将调用参数按照变量类型 IN、IN/OUT、OUT 和 TEMP 的顺序依次存入局部变量表中。

当给子程序传递数据时，这些参数被存放在子程序的局部变量存储器中，当调用子程序时，输入参数被拷贝到子程序的局部变量存储器中，当子程序完成时从局部变量存储器拷贝输出参数到指定的输出参数地址。

在局部变量表中还要说明变量的数据类型，数据类型可以是：能流型、布尔型、字节型、字型、双字型、整数型、双整数型和实数型。

能流型：该数据类型仅对位输入操作有效，它是位逻辑运算的结果。对能流输入类型的数据，要安排在局部变量表的最前面。

布尔型：该数据类型用于单独的位输入和位输出。

字节型、字型、双字型：该数据类型分别用于说明 1 字节、2 字节和 4 字节的无符号的输入参数或输出参数。

整数和双整数型：该数据类型分别用于说明 2 字节和 4 字节的有符号的输入参数或输出参数。

实数型：该数据类型用于说明 IEEE 标准的 32 位浮点输入参数或输出参数。

在语句表中，带参数的子程序调用指令格式为：CALL n,Var1,Var2,…,Varm。其中，n 为子程序号，Var1～Varm 为调用参数。影响允许输出 ENO 正常工作的出错条件为：SM4.3（运行时间）、0008（子程序嵌套超界）。

带参数的子程序调用如图 3-4-5 所示。

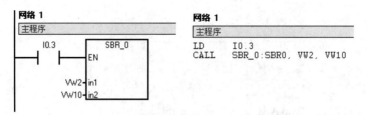

（a）主程序梯形图和指令语句表

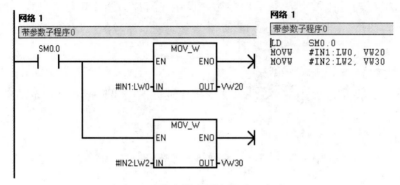

（b）子程序梯形图和指令语句表

图 3-4-5　带参数的子程序调用

【任务分析】

1. PLC 选型

根据控制系统的设计要求，考虑到系统的扩展和功能，可以选择 CPU224 或 CPU226 小型 PLC 作为控制元件。

2. 输入/输出分配

结合设计要求和 PLC 型号，I/O 地址分配如表 3-4-1 所示。

表 3-4-1　机械手控制的 I/O 地址分配表

输入			输出		
名称	功能	编号	名称	功能	编号
SQ1	下限位	I0.1	KM1	下降	Q0.0
SQ2	上限位	I0.2	KM2	加紧	Q0.1
SQ3	右限位	I0.3	KM3	上升	Q0.2
SQ4	左限位	I0.4	KM4	右行	Q0.3
SB1	上升	I0.5	KM5	左行	Q0.4
SB2	左行	I0.6			
SB3	松开	I0.7			
SB4	下降	I1.0			
SB5	右行	I1.1			

输入			输出		
名称	功能	编号	名称	功能	编号
SB6	夹紧	I1.2			
SA1-1	手动	I2.0			
SA1-2	回原点	I2.1			
SA1-3	单步	I2.2			
SA1-4	单周期	I2.3			
SA1-5	连续	I2.4			
SA1-6	回原点起动	I2.5			
SB7	起动	I2.6			
SB8	停止	I2.7			

3. 硬件设计

依照 PLC 的 I/O 地址分配表，结合系统的控制要求，PLC 控制电气接线图如图 3-4-6 所示。

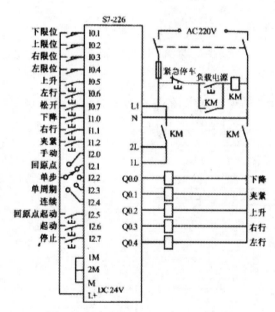

图 3-4-6 机械手控制 PLC I/O 接线图

【任务实施】

1. 顺序功能图

图 3-4-7 所示是机械手控制系统自动程序的顺序功能图。该图是一种典型结构，这种结构也可用于其他具有多种工作方式的系统，虚线框中的部分取决于不同的系统对控制的具体要求。

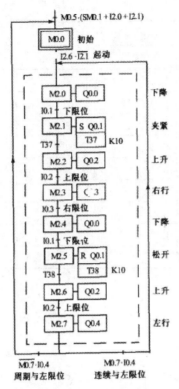

图 3-4-7　机械手自动控制顺序功能图

2. 程序的总体结构

图 3-4-8 所示为主程序总体结构，SM0.0 的常开触点一直闭合，公共程序是无条件执行。当 I2.0 为 ON 时执行"手动"子程序，当 I2.1 为 ON 时执行"回原点"子程序，在其他三种工作方式下执行"自动"子程序。

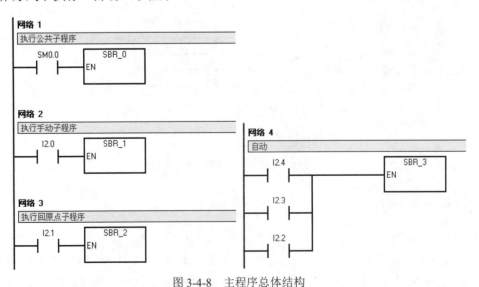

图 3-4-8　主程序总体结构

3. 梯形图

（1）公用程序。

公用程序（如图 3-4-9 所示）用于自动程序和手动程序相互切换的处理，当系统处于手动工作方式时，必须将除初始步以外的各步对应的存储器位（M2.0～M2.7）复位，同时将表示连续工作状态的 M0.7 复位，否则当系统从自动工作方式切换到手动工作方式，然后又返回自动工作方式时，可能会出现同时有两个活动步的异常情况，引起错误的动作。

当机械手处于原点状态（M0.5 为 ON），在开始执行用户程序（SM0.1 为 ON）、系统处于手动状态或自动回原点状态（I2.0 或 I2.1 为 ON）时，初始步对应的 M0.0 将被置位，为进入单步、单周期和连续工作方式做好难备。如果此时 M0.5 为 OFF 状态，M0.0 将被复位，初始步为 OFF。

（2）手动程序。

图 3-4-10 所示是手动程序，手动操作是图 3-4-2 对应的 6 个按钮控制机械手的升、降、左行、右行和夹紧、松开。为了保证系统的安全运行，在手动程序中设置了一些必要的联锁，例如上升与下降之间、左行与右行之间的互锁，以防止功能相反的两个输出同时为 ON。上限位开关 I0.2 的常开触点与控制左右行的 Q0.4 和 Q0.3 的线圈串联，机械手升到最高位置才能左右移动，以防止机械手在较低位置运行时与别的物体碰撞。

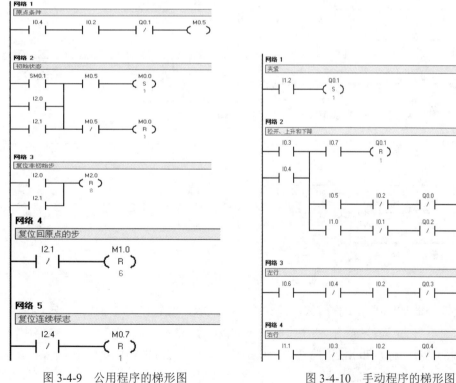

图 3-4-9　公用程序的梯形图　　　　　图 3-4-10　手动程序的梯形图

（3）自动程序。

图 3-4-11 所示是用起保停电路设计的自动控制程序（不包括自动返回原点程序），M0.0

和 M2.0～M2.7 用典型的起保停电路控制。系统工作在连续和单周期（非单步）工作方式时，I2.2 的常闭触点接通，使 M0.6（转换允许）为 ON，串联在各起保停电路的起动电路中的 M0.6 的常开触点接通，允许步与步之间的转换。

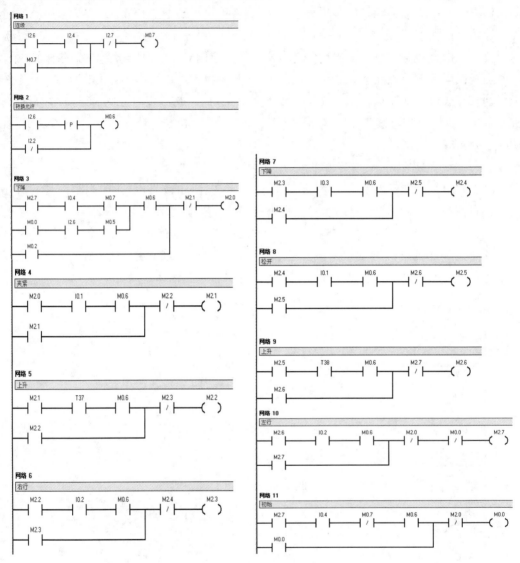

图 3-4-11　自动程序的梯形图

假设选择的是单周期工作方式，此时 I2.3 为 ON，I2.1 和 I2.2 的常闭触点闭合，M0.6 的线圈"通电"，允许转换。在初始步时按下起动按钮 I2.6，在 M2.0 的起动电路中，M0.0、I2.6、M0.6 的常开触点和 M2.1 的常闭触点均接通，使 M2.0 的线圈"通电"，系统进入下降步，Q0.0 的线圈"通电"，机械手下降；机械手碰到下限位开关 I0.1 时，M2.1 的线圈"通电"，转换到夹紧步，Q0.1 被置位指令置为 1，工件被夹紧，同时 T37 的 IN 输入端为 1 状态，1s 以后 T37 的定时时间到，它的常开触点接通，使系统进入上升步。以后系统将这样一步一步地工作下去，当机械手在步 M2.7 返回最左边时 I0.4 为 1，因为此时不是连续工作方式，M0.7处于OFF状态，转换条件$\overline{M0.7}$·I0.4满足，系统返回并停留在初始步。在连续工作方式，I2.4为ON，在初始状态按下起动按钮I2.6，与单周期工作方式时相同，M2.0变为ON，机械手下降。与此同时，控制连续工作的M0.7的线圈"通电"并自保持，以后的工作过程与单周期工作方式相同。当机械手在步M2.7返回最左边时，I0.4为ON，因为M0.7为ON，转换条件M0.7·I0.4满足，系统将返回步M2.0反复连续地工作下去。

按下停止按钮I2.7后，M0.7变为OFF，但是系统不会立即停止工作，在完成当前工作周I0.4满足，系统才返回并停留在初始步。

如果系统处于单步工作方式，I2.2为ON，它的常闭触点断开，"转换允许"存储器位M0.6在一般情况下为OFF，不允许步与步之间的转换。设系统处于初始状态，M0.0为ON，按下起动按钮I2.6，M0.6变为ON，使M2.0的起动电路接通，系统进入下降步。放开起动按钮后，M0.6马上变为OFF。在下降步，Q0.0的线圈"通电"，机械手降到下限位开关I0.1处时，与Q0.0的线圈串联的I0.1的常闭触点断开，使Q0.0的线圈"断电"，机械手停止下降。I0.1的常开触点闭合后，如果没有按起动按钮，I2.6和M0.6处于OFF状态，一直等到按下起动按钮，M2.6和M0.6变为ON，M0.6的常开触点接通，转换条件I0.1才能使M2.1的起动电路接通，M2.1的线圈"通电"并自保持，系统才能由下降步进入夹紧步。以后在完成某一步的操作后都必须按一次起动按钮，系统才能进入下一步。

（4）输出电路。

图3-4-12所示是自动控制程序的输出电路，图中I0.1～I0.4的常闭触点是为单步工作方式设置的。

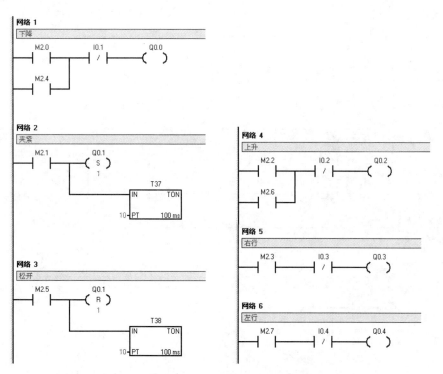

图3-4-12　输出电路的梯形图

以下降为例，当机械手碰到限位开关 I0.1 后，与下降步对应的存储器位 M2.0 不会马上变为 OFF，如果 Q0.0 的线圈不与 I0.1 的常闭触点串联，机械手不能停在下限位开关 I0.1 处，还会继续下降，对于某些设备，在这种情况下可能造成事故。

为了避免出现双线圈现象，对 Q0.2 和 Q0.4 线圈的控制合在一起。

（5）自动回原点程序。

图 3-4-13 所示是自动回原点程序的顺序功能图，图 3-4-14 所示是用起保停电路设计的梯形图。在回原点工作方式（I2.1 为 ON）按下回原点起动按钮 I2.5，M1.0 变为 ON，机械手松开并上升，升到上限位开关时 I0.2 为 ON，机械手左行，到左限位开关时 I0.4 变为 ON，将步 M1.1 复位。这时原点条件满足，M0.5 为 ON，在公用程序中，初始步 M0.0 被置位，为进入单周期、连续和单步工作方式做好了准备，因此可以认为步 M0.0 是步 M1.1 的后续步。

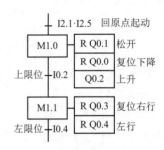

图 3-4-13 自动回原点程序的顺序功能图

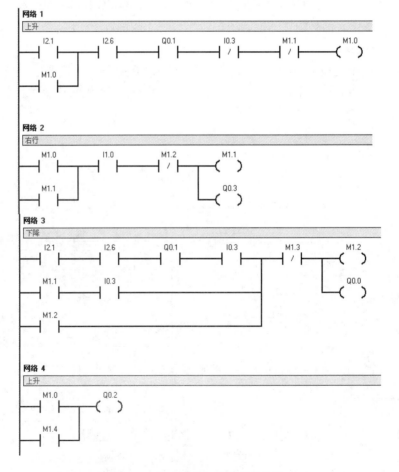

图 3-4-14 自动回原点程序的梯形图

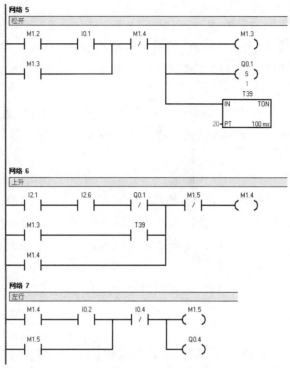

图 3-4-14　自动回原点程序的梯形图（续图）

4. 器材准备

完成本任务的实训安装、调试所需器材如表 3-4-2 所示。

表 3-4-2　电动机起停 PLC 控制系统实训器材一览表

器材名称	数量
PLC 基本单元 CPU224（或更高类型）	1 个
计算机	1 台
机械手模拟装置	1 个
起动按钮	7 个
停止按钮	1 个
选择开关	1 个
导线	若干
交直流电源	1 套
电工工具及仪表	1 套

5. 实施步骤

（1）程序输入。

在计算机上打开 S7-200 编程软件，选择相应 CPU 类型，建立机械手控制的 PLC 控制项目，输入编写的梯形图程序。

（2）模拟调试。

将输入完成的程序编译后导出为 awl 格式文本文件，在 S7-200 仿真软件中打开。按下起动按钮，观察程序仿真结果。如与任务要求不符，则结束仿真，对编程软件中的程序进行分析修改，再重新导出文件，经仿真软件再一步调试，直到仿真结果符合任务要求。

（3）系统安装。

系统安装可在硬件设计完成后进行，可与软件、模拟调试同时进行。系统安装只需按照安装接线图进行即可，注意输入输出回路的电源接入。

（4）系统调试。

确定硬件接线、软件调试结果正确后合上 PLC 电源开关和输出回路电源开关，按下机械手控制的起动按钮，观察 PLC 是否有输出、输出继电器 Q 的变化顺序是否真确、动作是否正常。如果结果不符合要求，观察输入及输出回路是否接线错误。排除故障后重新送电，起动机械手控制，再次观察运行结果或者计算机显示监控画面，直到符合要求为止。

（5）填写任务报告书。

如实填写任务报告书，分析设计过程中的经验，编写设计总结。

【思考与练习】

当 SB1 接通后，Q0.0 接通，指示灯 EL1 亮，延时 10s 后调用子程序 SBR0，Q0.1 接通，指示灯 EL2 亮；当 SB2 接通后，Q0.0 和 Q0.1 断电，指示灯灭。

【重点记录】

_____

_____

_____

_____

项目5 设计调试喷泉灯光PLC控制系统

【任务描述】

S7-200系列PLC的中断功能同微型计算机的中断功能相似，是指当一些随机的中断事件发生时，CPU暂时停止执行主程序并保存断点，然后去对随机发生的更紧迫事件进行处理，即转去执行相应的中断服务程序，中断服务程序结束后将自动返回主程序继续进行正常工作。采用移位指令和中断指令配合来完成喷泉灯光的控制，如图3-5-1所示。

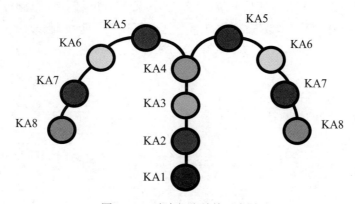

图 3-5-1 喷泉灯光结构示意图

【任务资讯】

能够向PLC发出中断请求的事件叫中断，如外部开关量输入信号的上升沿或下降沿事件、通信事件、高速计数器的当前值等于设定值事件等。PLC事先并不知道这些事件何时发生，一旦出现便立即尽快地进行处理。S7-200系列PLC的中断事件包括三大类：通信口中断、I/O中断和时基中断。

1. 时基中断

时基中断包括内部定时中断和外部定时器中断两类，中断名称、事件号码及优先级级别如表3-5-1所示。

内部定时器中断包括定时中断0和定时中断1两个。这两个定时中断按设定的时间周期不断循环工作，可以用来以固定的时间间隔作为采样周期对模拟量输入进行采样，也可以用来执行一个PID调节指令。定时中断的时间间隔存储在时间间隔寄存器SMB34和SMB35中，它们分别对应定时中断0和定时中断1，对于21X系列机型，它们在5~255ms之间以ms为增量单位进行设定。当CPU响应定时中断事件时就会获取该时间间隔值。

表 3-5-1   时基中断事件及其优先级

事件编号	中断名称	优先级 L	可支持的 CPU 型号						
			212	214	215	216	221/222	224	CPU224XP/226
10	定时中断 0（SMB34）	0	有	有	有	有	有	有	有
11	定时中断 1（SMB35）	1		有	有	有	有	有	有
21	定时器 T32 当前值等于预置值	2			有	有	有	有	有
22	定时器 T96 当前值等于预置值	3			有	有	有	有	有

定时器中断就是利用定时器来对一个指定的时间段产生中断。只能由 1ms 延时定时器 T32 和 T96 产生。T32 和 T96 的工作方式与普通定时器一样。一旦定时器中断允许，当 T32 和 T96 的当前值等于预制直时，CPU 响应定时器中断，执行被连接的中断服务程序。

注意：调用中断程序前必须用中断连接，当把某个中断事件和中断程序建立连接后，该中断事件发生时自动开中断。多个中断事件可以调用同一个中断程序，但一个中断事件不能同时与多个中断程序建立连接，否则在中断允许且中断发生时系统默认连接的是最后一个中断程序。

2. 中断指令及应用

S7-200 系列 PLC 的中断指令包括中断允许、中断禁止、中断连接、中断分离、中断服务程序号和中断返回指令，可用于实时控制、在线通信或网络当中，根据中断事件的出现情况及时发出控制命令。中断指令的格式及功能如表 3-5-2 所示。

表 3-5-2   中断指令的格式及功能

梯形图 LAD	语句表 STL		功能
	操作码	操作数	
——(ENI)	ENI	—	中断允许指令 ENI 全局地允许所有被连接的中断事件
——(DISI)	DISI	—	中断禁止指令 DISI 全局地禁止处理所有中断事件
ATCH —EN —INT —EVNT	ATCH	INT,EVNT	中断连接指令 ATCH 把一个中断事件（EVNT）和一个中断服务程序连接起来，并允许该中断事件
DTCH —EN —EVNT	DTCH	EVNT	中断分离指令 DTCH 截断一个中为事件（EVNT）和所有中断程序的联系，并禁止该中断事件
n INT	INT	n	中断服务程序标号指令 INT 指定中断服务程序（n）的开始
——(RETI)	CRETI	—	中断返回指令 CRETI 在前面的逻辑条件满足时退出中断服务程序而返回主程序
├—(RETI)	RETI	—	执行 RETI 指令将无条件返回主程序

说明:

①操作数 INT 和 n 用来指定中断服务程序标号，取值可为 0~127。

②EVNT 用于指定被连接或被分离的中断事件，其编号对 21X 系列 PLC 为 0~26；对 22X 系列 PLC 为 0~33。

③在 STEP7-Micro/WIN 编程软件中没有 INT 指令，中断服务程序的区分由不同的中断程序窗口来辨识。

④无条件返回指令 REIT 是每一个中断程序必须有的，在 STEP7-Micro/WIN 编程软件中可自动在中断服务程序后面加入该指令。

【任务分析】

1. 任务要求

采用定时器中断的方式实现 Q0.0~Q0.7 输出的依次移位（间隔时间为 1s）。按下起动按钮 I0.0，移位从 Q0.0 开始；按下停止按钮 I0.1，移位停止且清零。

2. PLC 选型

根据控制系统的设计要求，考虑到系统的扩展和功能，可以选择继电器输出结构的 CPU226 小型 PLC 作为控制元件。

3. 输入/输出分配

喷泉灯光控制系统的 I/O 地址分配表如表 3-5-3 所示。

表 3-5-3 喷泉灯光控制系统的 I/O 地址分配表

输入			输出		
名称	功能	编号	名称	功能	编号
SB1	起动	I0.0	KA1~KA8	控制 8 盏喷泉灯光	Q0.0~Q0.7
SB2	停止	I0.1			

【任务实施】

1. 器材准备

完成本任务的实训安装、调试所需器材如表 3-5-4 所示。

表 3-5-4 喷泉灯光控制系统实训器材一览表

器材名称	数量
PLC 基本单元 CPU226（或更高类型）	1 个
计算机	1 台
灯光模拟装置	1 个
导线	若干
交、直流电源	1 套
电工工具及仪表	1 套

2. 硬件接线

依据 PLC 的 I/O 地址分配表,结合系统的控制要求,喷泉灯光控制电气接线图如图 3-5-2 所示。

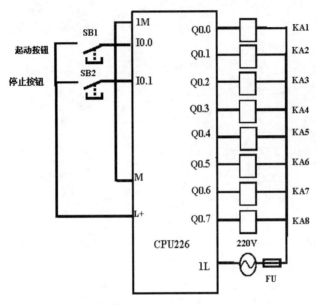

图 3-5-2　喷泉灯光控制 PLC 的 I/O 接线图

3. 编写 PLC 控制程序

根据控制要求,采用移位指令及中断指令设计程序,喷泉灯光控制的梯形图如图 3-5-3 所示。

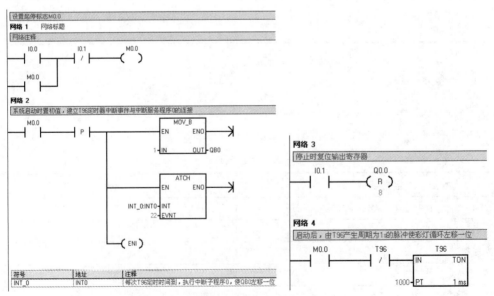

（a）彩灯循环点亮主程序

图 3-5-3　定时中断控制喷泉灯光循环点亮梯形图程序

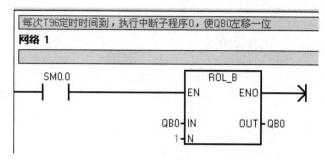

（b）彩灯循环点亮中断子程序0

图 3-5-3 定时中断控制喷泉灯光循环点亮梯形图程序（续图）

【知识拓展】

1. 通信口中断

S7-200 系列 PLC 有 6 种通信口中断事件，中断名称、事件号码及优先级级别如表 3-5-5 所示。这些通信口事件在该系列 PLC 中断优先级中属于最高级，其中端口 0 事件优先于端口 1 事件。利用这些通信口中断事件可以简化程序对通信的控制。

表 3-5-5 通信口中断事件及优先级

事件编号	中断名称	优先级 H	可支持的 CPU 型号						
			212	214	215	216	221/222	224	CPU224XP/226
8	端口 0：接收字符	0	有	有	有	有	有	有	有
9	端口 0：发送完成	0	有	有	有	有	有	有	有
23	端口 0：接收信息完成	0			有	有	有	有	有
24	端口 1：接收信息完成	1					有		有
25	端口 1：接收字符	1					有		有
26	端口 1：发送完成	1					有		有

2. I/O 中断

I/O 中断事件包含上升/下降沿中断、高速计数器中断和高速脉冲串输出中断三类，中断名称、事件号码及优先级级别如表 3-5-6 所示。

表 3-5-6 I/O 中断事件及优先级

事件编号	中断名称	优先级 M	可支持的 CPU 型号						
			212	214	215	216	221/222	224	CPU224XP/226
0	I0.0 上升沿	0	有	有	有	有	有	有	有
1	I0.0 下降沿	4	有	有	有	有	有	有	有
2	I0.1 上升沿	1		有	有	有	有	有	有

事件编号	中断名称	优先级 M	可支持的 CPU 型号						
			212	214	215	216	221/222	224	CPU224XP/226
3	I0.1 下降沿	5		有	有	有	有	有	有
4	I0.2 上升沿	2		有	有	有	有	有	有
5	I0.2 下降沿	6		有	有	有	有	有	有
6	I0.3 上升沿	3		有	有	有	有	有	有
7	I0.4 下降沿	7		有	有	有	有	有	有
12	HSC0 当前值等于预置值	0	有	有	有	有			有
27	HSC0 输入方向改变	16					有	有	有
28	HSC0 外部复位	2					有	有	有
13	HSC1 当前值等于预置值	8		有	有	有			有
14	HSC1 输入方向改变	9		有	有	有			有
15	HSC1 外部复位	10		有	有	有			有
16	HSC2 当前值等于预置值	11		有	有	有			有
17	HSC2 输入方向改变	12		有	有	有			有
18	HSC2 外部复位	13		有	有	有			有
32	HSC3 当前值等于预置值	1					有	有	有
29	HSC4 当前值等于预置值	3					有	有	有
30	HSC4 输入方向改变	17					有	有	有
31	HSC4 外部复位	18					有	有	有
33	HSC5 当前值等于预置值	19					有	有	有
19	PLS0 脉冲数完成	14		有	有	有	有	有	有
20	PLS1 脉冲数完成	15		有	有	有	有	有	有

　　上升/下降沿中断是指由 I0.0、I0.1、I0.2、I0.3 输入端子发生的上升沿或下降沿引起的中断。这些输入点的上升沿或下降沿出现时，CPU 可检测到其变化，从而转入中断处理，以便及时响应某些故障状态。

　　高速计数器中断可以是计数器当前值等于预置值时的响应，可以是计数方向改变时的响应，也可以是外部复位时的响应。这些高速计数器中断事件可以实时得到迅速响应，从而可以实现比 PLC 扫描周期还要短的有关控制任务。

　　脉冲串输出中断是指当 PLC 完成指定脉冲数输出时引起的中断。它可以方便地控制步进电动机的转角或转速。

　　3. 中断的优先级

　　在 S7-200 系列 PLC 中，中断事件的优先级是事先规定好的，最高优先等级属于通信口中断，中间级属于 I/O 中断，最低优先等级为时基中断。

　　在同一优先等级的事件中，CPU 按先来先服务的原则。在同一时刻，只能有一个中断服务程序被执行。一个中断服务程序一旦被执行，就会一直执行到结束，中途不能被另一个中断服务程序中断，即便是优先级更高的中断也不行。在一个中断服务程序执行期间发生的其他中断需要排队等候处理。三类中断排队等候处理所允许的最大队列及队列溢出标志如表3-5-7所示。若等候处理的中断数目超过最大队列数，则中断队列溢出标志SM4.0～SM4.2会置1。在队列空或由中断程序返回主程序后，队列溢出标志复位。

表3-5-7　每个中断最大队列数及队列溢出标志位

队列	CPU 类型							中断队列溢出标志位	
	212	214	215	216	221/222	224	CPU224XP/226		
通信中断队列	4	4	4	8	4	4	8	SM4.0	溢出为 ON
I/O 中断队列	4	16	16	16	16	16	16	SM4.1	溢出为 ON
时基中断队列	2	4	8	8	8	8	8	SM4.2	溢出为 ON

4. 中断指令实践

利用中断实现故障报警。

（1）控制要求。

将故障信号连接在 PLC 的 I0.0 输入端子上，当故障信号出现时通过中断使输出 Q0.0 立即置位发出报警通知，在故障信号解除时通过中断使输出 Q0.0 立即复位。

（2）软件程序设计。

根据控制要求，利用 I0.0 的上升沿中断调用报警中断子程序（INT0），利用 I0.0 下降沿中断调用报警复位中断子程序（INT1），对应的梯形图程序如图 3-5-4 所示。

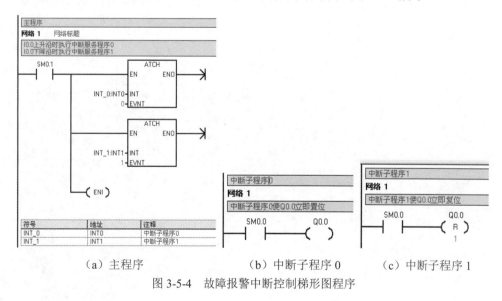

（a）主程序　　　　　（b）中断子程序 0　　　　（c）中断子程序 1

图 3-5-4　故障报警中断控制梯形图程序

【思考与练习】

1. S7-200 系列 PLC 中断事件分为哪几类？它们的中断优先级如何划分？

2．时基中断包括哪几类？内部定时中断与定时器中断有什么不同？

3．内部定时中断的分辨率是多少？可设定的最长定时时间是多少？

4．试编写用 I0.3 上升沿中断实现定时器 T37 的时间设定值自动加 10 的梯形图程序。

5．第一次扫描时将 VB0 清零，用定时中断 0 每 100ms 将 VB0 加 1，当 VB0=100 时关闭定时中断，并将 Q0.0 置位。

6．首次扫描时给 Q0.0～Q0.7 置初值，用定时器 T32 进行中断定时，控制接在 Q0.0～Q0.7 的 8 个彩灯循环右移，每秒移动一次，设计程序。

【重点记录】

_____

_____

_____

_____

附录一 西门子 PLC 指令集

LAD 符号	描述	STL 助记符	功能	操作数
┤ ├	常开触点	LD　bit A　bit	读入逻辑行或电路块的第一个常开接点	bit: I、Q、M、SM、T、C、V、S
┤ / ├	常闭触点	LDN　bit AN　bit	读入逻辑行或电路块的第一个常闭接点	bit: I、Q、M、SM、T、C、V、S
┤ I ├	立即常开触点	LDI　bit	立即读入常开输入触电	bit: I
┤ /I ├	立即常闭触点	LDNI　bit	立即读入常闭输入触电	bit: I
┤ NOT ├	取反触点	NOT	逻辑结果取反	无
┤ P ├	正跳变触点	EU		无
┤ N ├	负跳变触点	ED		无
─( )	输出指令	=　bit	输出逻辑行的运算结果	bit: Q、M、SM、T、C、V、S
─(I)	立即输出指令	=I　bit	执行"立即输出"指令时实际输出点（位）被立即设为等于使能位	bit: Q
─(S)	置位	S　bit,N	置继电器状态为接通	bit: Q、M、SM、V、S N: VB、IB、QB、MB、SMB、SB、LB、AC、常数、*VD、*AC、*LD
─(SI)	立即置位	SI　bit,N	执行指令时，新值被写入实际输出点和相应的过程映像寄存器位置	bit: Q
─(R)	复位	R　bit,N	使继电器复位为断开	bit: Q、M、SM、V、S
─(RI)	立即置位	IR　bit,N		bit: Q
IN1 ─(= =B) IN2	比较指令	LDB= AB= OB=	IN1=IN2,IN1≠IN2 IN1<IN2,IN1≤IN2 IN1>IN2,IN1≥IN2	IN1、IN2: IB、QB、MB、SMB、VB、SB、LB、AC、常数、*VD、*LD、*AC
─(DISI)	禁止中断指令	DISI	不允许处理中断服务程序，但中断事件仍排队等候	无
─(ENI)	中断允许指令	ENI	允许所有被连接的中断事件	无
─(RETI)	中断条件返回	CRETI	根据逻辑条件从中断程序中返回	无

续表

LAD 符号	描述	STL 助记符	功能	操作数
—(JMP)	跳转指令	JMP　N	使程序流程跳转到指定的标号 N 处的程序分支	N：常数（0~255）
— LBL	跳转到指令	LBL　N	N 处的程序分支	
DECO IN OUT OUT	译码指令	DECO IN 输入字节 OUT 输出字	根据字节输入数据 IN 的低 4 位所表示的位号，将 OUT 所指定的字单元的相应位置 1，其他位置 0	IN：VB、IB、QB、MB、SB、SMB、LB、AC、*VD、*AC、*LD、常数 IN：VW、IW、QW、MW、SW、SMW、LW、T、C、AQW、AC、*VD、*AC、*LD
ATCH INT EVNT	中断连接指令	ATCH INT 中断程序号 EVNT 中断事件	将中断事件 EVNT 与中断服务程序号 INT 相关联，并使能该中断事件	INT：常数 EVNT：常数（CPU221/222：0~12、19~23、27~33；CPU224：0~23、27~33；CPU226：0~33）
DTCH EVNT	中断分离指令	DTCH EVNT	将中断事件 EVNT 与中断服务程序之间的关联切断，并禁止该中断程序	
FILL_N IN OUT N	存储器填充指令	FILL IN 输入值 OUT 输出 N N 个字的内容	用输入值填充从输出开始的 N 个字的内容 N 的范围为 1~255	IN、OUT：VW、IW、QW、MW、SW、SMW、LW、T、C、AC、*VD、*AC、*LD IN 还可以是 AIW 和常数 OUT 还可以是 AQW N：VB、IB、QB、MB、SB、SMB、LB、AC、*VD、*AC、*LD、常数
MOV_B IN OUT	字节传送	MOV_B	不改变原值的情况下将 IN 中的值传送到 OUT 地址：0~FF	IN、OUT：VB、IB、QB、MB、SB、SMB、LB、AC、*VD、*AC、*LD IN 还可以是常数
MOV_W IN OUT	字传送	MOV_W	不改变原值的情况下将 IN 中的值传送到 OUT 地址：0~FFFF	IN、OUT：VW、IW、QW、MW、SW、SMW、LW、T、C、AC、*VD、*AC、*LD IN 还可以是 AIW 和常数 OUT 还可以是 AQW

LAD 符号	描述	STL 助记符	功能	操作数
MOV_DW IN　OUT	双字传送	MOV_D	不改变原值的情况下将 IN 中的值传送到 OUT 地址：0～FFFFFFFF	IN、OUT：VD、ID、QD、MD、SD、SMD、LD、AC、*VD、*AC、*LD IN 还可以是 HC、常数、&VB、&IB、&QB、&MB、&T、&C
WAND_B IN1　OUT IN2	与	WAND_B WAND_W WAND_DW	字节与 字与 双字与	IN1、IN2、OUT：VB、IB、QB、MB、SB、SMB、LB、AC、*VD、*AC、*LD IN1 和 IN2 还可以是常数
WOR_B IN1　OUT IN2	或	WOR_B WOR_W WOR_DW	字节或 字或 双字或	
WXOR_B IN1　OUT IN2	异或	WXOR_B WXOR_W WXOR_DW	字节异或 字异或 双字异或	
IN　TON PT	接通延时定时器	TON	输入为"打开"时，开始计时。当前值大于或等于预设时间时，定时器位为"打开"。输入为"关闭"时，定时器当前值被清除。达到预设值后定时器仍继续计时，达到最大值 32767 时停止计时	
IN　TONR PT	有记忆接通延时定时器	TONR	输入为"打开"时，开始计时。当前值大于或等于预设时间时，计时位为"打开"。输入为"关闭"时，保持保留性延迟定时器当前值。定时器为多个输入"打开"阶段累计时间。使用"复原"指令（R）清除保留性延迟定时器的当前值。达到预设值后定时器继续计时，达到最大值 32767 时停止计时	IN：I、Q、M、SM、T、C、V、S、L、使能位布尔 PT：VW、IW、QW、MW、SW、SMW、LW、AIW、T、C、AC、常数、*VD、*LD、*AC
IN　TOF PT	断开延时定时器	TOF	输入打开时，定时器位立即打开，当前值被设为 0。输入关闭时，定时器继续计时，直到消逝的时间达到预设时间。达到预设值后，定时器位关闭，当前值停止计时	

LAD 符号	描述	STL 助记符	功能	操作数
INC_B IN1　OUT	递增	INC_B INC_W INC_DW	将字节、字、双字无符号输入数加 1 执行结果：OUT+1=OUT（在 LAD 和 FBD 中为：IN+1=OUT）	IN、OUT：VB、IB、QB、MB、SB、SMB、LB、AC、*VD、*AC、*LD IN 还可以是常数
DEC_B IN1　OUT	递减	DEC_B DEC_W DEC_DW	将字节、字、双字无符号输入数减 1 执行结果：OUT-1=OUT（在 LAD 和 FBD 中为：IN-1=OUT）	
SEG IN1　OUT	段码指令	SEG	根据字节输入数据 IN 的低 4 位有效数字产生相应的七段码，结果输出到 OUT，OUT 的最高位恒为 0	IN、OUT：VB、IB、QB、MB、SB、SMB、LB、AC、*VD、*AC、*LD IN 还可以是常数

附录二 S7–200 的特殊存储器（SM）标志位

特殊存储器位提供大量的状态和控制功能，用来在 CPU 和用户之间交换信息。

1. SMB0：状态位

各位的作用如附表 2-1 所示，在每个扫描周期结束时由 CPU 更新这些位。

附表 2-1 特殊存储器字节 SMB0

SM 位	描述
SM0.0	此位始终为 1
SM0.1	首次扫描时为 1，可以用于调用初始化子程序
SM0.2	如果断电保存的数据丢失，此位在一个扫描周期中为 1，可用作错误存储器位或用来调用特殊启动顺序功能
SM0.3	开机后进入 RUN 方式，该位将 ON 一个扫描周期，可以用于启动操作之前给设备提供预热时间
SM0.4	此位提供高低电平各 30s，周期为 1min 的时钟脉冲
SM0.5	此位提供高低电平各 0.5s，周期为 1s 的时钟脉冲
SM0.6	此位为扫描时钟，本次扫描时为 1，下次扫描时为 0，可以用作扫描计数器的输入
SM0.7	此位指示工作方式开关的位置，0 为 TERM 位置，1 为 RUN 位置。开关在 RUN 位置时，该位可以使自由端口通信模式有效；切换至 TERM 位置时，CPU 可以与编程设备正常通信

2. SMB1：状态位

SMB1 包含了各种潜在的错误提示，这些位因指令的执行被置位或复位，如附表 2-2 所示。

附表 2-2 特殊存储器字节 SMB1

SM 位	描述
SM1.0	零标志，当执行某些指令的结果为 0 时该位置 1
SM1.1	错误标志，当执行某些指令的结果溢出或检测到非法数值时该位置 1
SM1.2	负数标志，数学运算的结果为负时该位置 1
SM1.3	试图除以 0 时该位置 1
SM1.4	执行 ATT（Add to Table）指令时超出表的范围时该位置 1
SM1.5	执行 LIFO 或 FIFO 指令时试图从空表读取数据时该位置 1
SM1.6	试图将非 BCD 数值转换成二进制数值时该位置 1
SM1.7	ASCII 码不能被转换成有效的十六进制数值时，该位置 1

3. SMB2: 自由端口接收字符缓冲区

SMB2 是自由端口接收字符的缓冲区，在自由端口模式下从端口 0 或端口 1 接收的每一个字符均被存于 SMB2，便于梯形图程序存取。

4. SMB3: 自由端口奇偶校验错误

接收到的字符有奇偶校验错误时，SM3.0 被置 1，根据该位来丢弃错误的信息。

5. SMB4: 队列溢出

SMB4 包含中断队列溢出位、中断允许标志位和发送空闲位等，如附表 2-3 所示。

附表 2-3　特殊存储器字节 SMB4

SM 位	描述	SM 位	描述
SM4.0	通信中断队列溢出时该位置 1	SM4.4	全局中断允许位，允许中断时该位置 1
SM4.1	输入中断队列溢出时该位置 1	SM4.5	端口 0 发送器空闲时该位置 1
SM4.2	定时中断队列溢出时该位置 1	SM4.6	端口 1 发送器空闲时该位置 1
SM4.3	在运行时发现编程问题该位置 1	SM4.7	发生强制时该位置 1

6. SMB5: I/O 错误状态

SM5 包含 I/O 系统里检测到的错误状态位，详见 S7-200 的系统手册。

7. SMB6: CPU 标识（ID）寄存器

SM6.4～SM6.7 用于识别 CPU 的类型，详见 S7-200 的系统手册。

8. SMB8～SMB21: I/O 模块标识与错误寄存器

SMB8～SMB21 以字节对的形式用于 0 号～6 号扩展模块。偶数字节是模块标识寄存器，用于标记模块的类型、I/O 的类型、输入和输出的点数。奇数字节是模块错误寄存器，提供该模块 I/O 的错误信息，详见 S7-200 的系统手册。

9. SMW22～SMW26: 扫描时间

SMW22～SMW26 中是以 ms 为单位的上一次扫描时间、最短扫描时间和最长扫描时间。

10. SMB28 和 SMB29: 模拟电位器

它们中的 8 位数字分别对应于模拟电位器 0 和模拟电位器 1 动触点的位置。

11. SMB30 和 SMB130: 自由端口控制寄存器

SMB30 和 SMB130 分别控制自由端口 0 和自由端口 1 的通信方式，用于设置通信的波特率和奇偶校验等，并提供自由端口模式或系统支持的 PPI 通信协议的选择。

12. SMB31 和 SMB32: EEPROM 写控制

SMB31 和 SMB32 的意义见 EEPROM。

13. SMB34 和 SMB35: 定时中断的时间间隔寄存器

SMB34 和 SMB35 用于设置定时器中断 0 与定时器中断 1 的时间间隔（1～255ms）。

14. SMB36～SMB65: HSC0、HSC1、HSC2 寄存器

SMB36～SMB65 用于监视和控制高速计数器 HSC0～HSC2，详见系统手册。

15. SMB66 ~ SMB85：PTO/PWM 寄存器

SMB66～SMB85 用于控制和监视脉冲输出（PTO）和脉宽调制（PWM）功能，详见系统手册。

16. SMB86 ~ SMB94：端口 0 接收信息控制

详见系统手册。

17. SMW98：扩展总线错误计数器

当扩展总线出现校验错误时加 1，系统得电或用户写入 0 时清零。

18. SMB130：自由端口 1 控制寄存器

19. SMB136 ~ SMB165：高速计数器寄存器

用于监视和留给系统的第一个扩展模块（离 CPU 最近的模块），SMB250～SMB299 预留给第二个控制高速计数器 HSC3～HSC5 的操作（读/写），详见系统手册。

20. SMB166 ~ SMB185：PTO0 和 PTO1 包络定义表

详见系统手册。

21. SMB186 ~ SMB194：端口 1 接收信息控制

详见系统手册。

22. SMB200 ~ SMB549：智能模块状态

SMB200～SMB549 预留给智能扩展模块（如 EM 277 PROFIBUS 模块）的状态信息。

附录三 S7-200 仿真软件 Simulation 简介

S7-200 系列小型 PLC 通用性好、兼容性强、适应面广,具有现代 PLC 的特点,大部分高职院校都以 S7-200 系列 PLC 作为主要讲授对象,其仿真软件现有三种版本:西班牙原版、汉化版和英文版。受语种所限,西班牙原版不适合我们使用,其汉化版由于汉化不完全,出现的错误提示等信息仍为西班牙文,对学习者来说难度仍然很大。使用起来兼容性最好、能真正通用的还是英文版(汉化版有部分功能还未能实现,单就一般仿真来说是足够了),本附录中介绍的是 juan luis villanueva 设计的英文版 S7-200 PLC 仿真软件(v2.0),原版为西班牙语,在网上可以很容易找到。这个软件不需要安装即可直接使用,占用空间仅为几兆。我们只要把它下载到计算机上,就可以随心所欲地反复编程、调试、模拟运行,直至编制的程序能实现预期功能。然后等有机会使用真正的 PLC 实验成套设备时,只需验证一下程序,就可以直接控制驱动实验电路运转,取得事半功倍的效果。

该仿真软件可以仿真大量的 S7-200 指令(支持常用的位触点指令、定时器指令、计数器指令、比较指令、逻辑运算指令和大部分的数学运算指令等,但部分指令如顺序控制指令、循环指令、高速计数器指令和通信指令等尚无法支持,仿真软件支持的仿真指令可参考 http://personales.ya.com/canalPLC/interest.htm)。仿真程序提供了数字信号输入开关、两个模拟电位器和 LED 输出显示,同时还支持对 TD-200 文本显示器的仿真,在实验条件尚不具备的情况下完全可以作为学习 S7-200 的一个辅助工具。

在使用 S7-200 仿真软件前,应该先在 STEP7-Micro/WIN3.2 编程软件下输入源程序,反复修改、编译,直至正确,在 File(文件)菜单中选择 Export(导出)命令将程序导出为 .AWL 文件,然后执行 S7-200 仿真软件文件夹下的 S7-200.EXE 文件即可启动仿真软件,单击屏幕中间出现的图案弹出密码对话框,输入 6596,就进入了仿真软件的用户界面,如附图 3-1 所示。

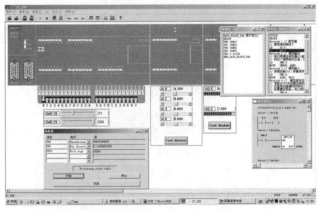

附图 3-1 仿真软件的仿真界面

选择 Configuration（配置）菜单中的 CPU Type（型号）（或在已有的 CPU 图案上双击），在"CPU 型号"对话框的下拉列表框中选择与要导入的程序相同的型号，如 CPU224、CPU226 等。

选择 Program（程序）菜单中的 Load Program（载入程序）（或单击工具栏中的第 2 个按钮），弹出对话框，将先前导出的.AWL 文件选中后打开，这样程序就装载到仿真软件中了。选择 PLC 菜单中的 Run（运行）（或单击工具栏中的绿色三角按钮），则模拟 PLC 进入 Run 模式，程序就开始模拟运行了。

若选择 PLC 菜单中的 Stop（停止）（或单击工具栏中的红色正方形按钮），则模拟 PLC 进入 Stop 模式，程序就停止运行。这时若用鼠标单击 CPU 模块下面的开关板上小开关上面黑色的部分，则可使小开关的手柄向上，模拟 PLC 上的输入触点闭合，CPU 模块上该输入点对应的 LED 灯就变为绿色；若点击闭合的小开关下面的黑色部分，可以使小开关的手柄向下，模拟 PLC 上的输入触点断开，CPU 模块上该输入点对应的 LED 灯就变为灰色。

在 Run 模式下按所编制的程序中设定的输入触点状态拨动对应的小开关，就可以看到 CPU 模块中的被控线圈的 LED 指示灯相应地点亮或熄灭。

整个调试过程与用"真实的"PLC 做的过程情景相同。

课外项目 1　自动门 PLC 控制系统

自动门控制装置由门内光电探测开关 S1、门外光电探测开关 S2、开门到位限位开关 S3、关门到限位开关 S4、开门执行机构 KM1（使直流电动机正转）、关门执行机构 KM2（使直流电动机反转）等部件组成。光电探测开关为有光导通，无光断开。

【任务要求】

（1）当有人员由内到外或由外到内通过光电检测开关 S1 或 S2 时，开门执行机构 KM1 动作，电动机正转，到达开门限位开关 S3 位置时，电机停止运行。

（2）自动门在开门位置停留 8s 后自动进入关门过程，关门执行机构 KM2 被起动，电动机反转，当门移动到关门限位开关 S4 位置时电机停止运行。

（3）在关门过程中，当有人员由外到内或由内到外通过光电检测开关 S2 或 S1 时，应立即停止关门，并自动进入开门程序。

（4）在门打开后的 8s 等待时间内，若有人员由外至内或由内至外通过光电检测开关 S2 或 S1 时，必须重新开始等待 8s 后再自动进入关门过程，以保证人员安全通过。

（5）开门与关门不可同时进行。

【方案框架】

1. PLC 选型

2. 输入/输出分配

自动门 PLC 控制系统的 I/O 地址分配表

输入信号			输出信号		
名称	功能	编号	名称	功能	编号

3.　硬件设计（自动门 PLC 控制系统的 I/O 接线图）

4.　软件设计

课外项目 2　四相步进电动机控制系统

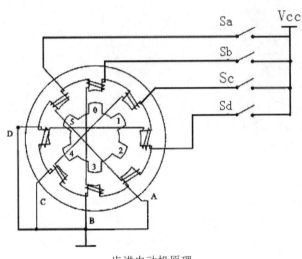

步进电动机原理

【任务要求】

1. 步进电动机控制要求

步进电动机的控制方式采用四相八拍的控制方式。

电动机正转时的供电时序为：

A ⟶ AB ⟶ B ⟶ BC ⟶ C ⟶ CD ⟶ D ⟶ DA

电动机反转时的供电时序为：

A ⟵ AB ⟵ B ⟵ BC ⟵ C ⟵ CD ⟵ D ⟵ DA

2. 步进电动机的开关功能

（1）起动/停止按钮 SB1 与 SB2。

控制步进电机起动或停止，步进电动机按 SA 设定方向转动（SA=1 正转，SA=0 反转）。

（2）正转/反转选择开关 SA：控制步进电动机正转或反转。

（3）复位按钮 SB3：控制步进电动机返回初始励磁 A 处。

【方案框架】

1. PLC 选型

2. 输入/输出分配

步进电动机 PLC 控制的 I/O 地址分配表

输入信号			输出信号		
名称	功能	编号	名称	功能	编号

3. 硬件设计

4. 软件设计

课外项目3　三相六拍步进电动机控制系统

【任务要求】

（1）三相步进电动机有三个绕组：A、B、C。

正转通电顺序为：A→AB→B→BC→C→CA→A。

反转通电顺序为：A→CA→C→BC→B→AB→A。

（2）要求能实现正、反转控制，而且正、反转切换无须经过停车步骤。

（3）具有两种转速：

#1 开关合上，则转过一个步距角需要 0.5s。

#2 开关合上，则转过一个步距角需要 0.05s。

（4）要求步进电动机转动 100 个步距角后自动停止运行。

（5）在完成上述功能的基础上，增加功能：设置按钮 S1，每按一次 S1，转速增加一挡，即转动一个步距角所需的时间减少 0.01s；设置按钮 S2，每按一次 S2，转速减少一挡，即转动一个步距角所需的时间增加 0.01s。

【方案框架】

1. PLC 选型

2. 输入/输出分配

步进电动机 PLC 控制的 I/O 地址分配表

输入信号			输出信号		
名称	功能	编号	名称	功能	编号

3. 硬件设计

4. 软件设计

课外项目 4 饮料灌装生产流水线控制系统

【任务要求】

（1）系统通过开关设定为自动操作模式，一旦起动，则传送带的驱动电机起动并一直保持到停止开关动作或灌装设备下的传感器检测到一个瓶子时停止；瓶子装满饮料后，传送带驱动电机必须自动起动并保持到又检测到一个瓶子或停止开关动作。

（2）当瓶子定位在灌装设备下时停顿 1s，灌装设备开始工作，灌装过程为 5s，灌装过程应有报警显示，5s 后停止并不再显示报警；报警方式为红灯以 0.5s 间隔闪烁。

（3）用两个传感器分别检测空瓶数和满瓶数，用计数器记录空瓶数和满瓶数，一旦系统起动即开始记录空瓶数和满瓶数。

（4）若每 24 瓶为一箱，记录产品箱数。

（5）每隔 8 小时将空瓶及满瓶计数器的当前值转存至其他寄存器，然后对计数器自动清零，重新开始计数。

（6）可以手动对计数器清零（复位）。

【方案框架】

1. PLC 选型

2. 输入/输出分配

步进电动机 PLC 控制的 I/O 地址分配表

输入信号			输出信号		
名称	功能	编号	名称	功能	编号

3. 硬件设计

4. 软件设计

课外项目5 车库车辆出入库管理控制系统

【任务要求】

（1）入库车辆前进时，经过 1#传感器→2#传感器后，计数器 A 加 1，后退时经过 2#传感器→1#传感器后，计数器 B 减 1（计数器 B 的初始值由计数器 A 送来）；只经过一个传感器则计数器不动作。

（2）出库车辆前进时，经过 2#传感器→1#传感器后，计数器 B 减 1，后退时经过 1#传感器→2#传感器后，计数器 A 加 1；只经过一个传感器则计数器不动作。

（3）车辆入库或出库时，均应有警铃报警，定时 3s。

（4）仓库启用时，先对所有用到的存储单元清零，并应有仓库空显示。

（5）若设仓库容量为 50 辆车，则仓库满时应报警并显示。

（6）若同时有车辆相对入库和出库（即入库车辆经过 1#传感器，出库车辆经过 2#传感器），应避免误计数。

【方案框架】

1. PLC 选型

2. 输入/输出分配

步进电动机 PLC 控制的 I/O 地址分配表

输入信号			输出信号		
名称	功能	编号	名称	功能	编号

3. 硬件设计

4. 软件设计

课外项目6 自动成型机 PLC 控制系统

【任务要求】

数控自动成型机如下图所示，是由工作台，油缸 A、B、C 以及相应的电磁阀和信号灯等组成的，该自动成型系统是利用油的压力来传递能量，以实现材料（如钢筋）加工工艺的要求。该自动成型系统是利用 PLC 控制油缸 A、B、C（A、B 都是单向阀，C 是双向阀）的三个电磁阀有序地打开和关闭，以便使油进入或流出油缸，从而控制各油缸中活塞有序运动，活塞带动连杆运动，给相应的挡块一个压力，这样就可以使材料成型。

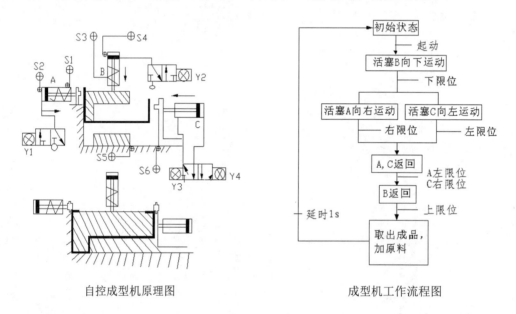

自控成型机原理图   成型机工作流程图

【方案框架】

1. PLC 选型

2. 输入/输出分配

步进电动机 PLC 控制的 I/O 地址分配表

输入信号			输出信号		
名称	功能	编号	名称	功能	编号

3. 硬件设计

4. 软件设计

课外项目 7　供水系统水泵控制系统

【任务要求】

某物业供水系统有水泵 4 台和供水管道安装压力检测开关 S1、S2 和 S3。S1 接通，表示水压偏低；S2 接通，表示水压正常；S3 接通，表示水压偏高。

控制要求如下：

（1）自动工作时，当用水量少时，压力增高，S3 接通，此时可延时 30s 后撤除一台水泵工作，要求先工作的水泵先切断；当用水量多时，压力降低，S1 接通，此时可延时 30s 后增加一台水泵工作，要求未曾工作过的水泵增加投入运行；当 S2 接通时，表示供水正常，可维持水泵运行数量。工作时，要求水泵数量最少为 1 台，最多不得超出 4 台。

（2）各水泵工作时均应有工作状态显示。

（3）手动工作时，要求 4 台水泵可分别独立操作（分设起动和停止开关），并分别具有过载保护，可随时对单台水泵进行断电控制（若输入点不够，可用 I/O 扩展模块）。

（4）设置"自动/手动"切换开关（ON 为手动，OFF 为自动），另设自动运行控制开关（ON 为自动运行，OFF 为自动运行停止）。

【方案框架】

1. PLC 选型

2. 输入/输出分配

步进电动机 PLC 控制的 I/O 地址分配表

输入信号			输出信号		
名称	功能	编号	名称	功能	编号

3. 硬件设计

4. 软件设计

参考文献

[1] 华满香，刘小春等．电气控制与 PLC 应用．北京：人民邮电出版社，2009．

[2] 徐国林．PLC 应用技术．北京：机械工业出版社，2007．

[3] 廖常初．S7-200 PLC 编程及应用．北京：机械工业出版社，2007．

[4] 廖常初，陈晓东．西门子人机界面（触摸屏）组态与应用技术．北京：机械工业出版社，2007．

[5] 梁强．西门子 PLC 控制系统的设计及应用．北京：中国电力出版社，2009．

[6] 西门子（中国）有限公司 S7-200 可编程控制器系统手册，2005．

[7] 高钦和．可编程控制器应用技术与设计实例．北京：人民邮电出版社，2004．

[8] 张进秋．可编程控制器原理及应用实例．北京：机械工业出版社，2004．

[9] 张万忠．可编程控制器应用技术．北京：化学工业出版社，2005．

[10] 赵承荻，曙光，魏秋月．S7-200 PLC 应用基础与实例．北京：人民邮电出版社，2007．

[11] 张晓朋．电气控制及 PLC．北京：机械工业出版社，2007．